イタチムシの世界をのぞいてみよう

鈴木隆仁

もくじ

図b0-1
アオミドロ（*Spirogyra* sp.）を食べるワムシの仲間。

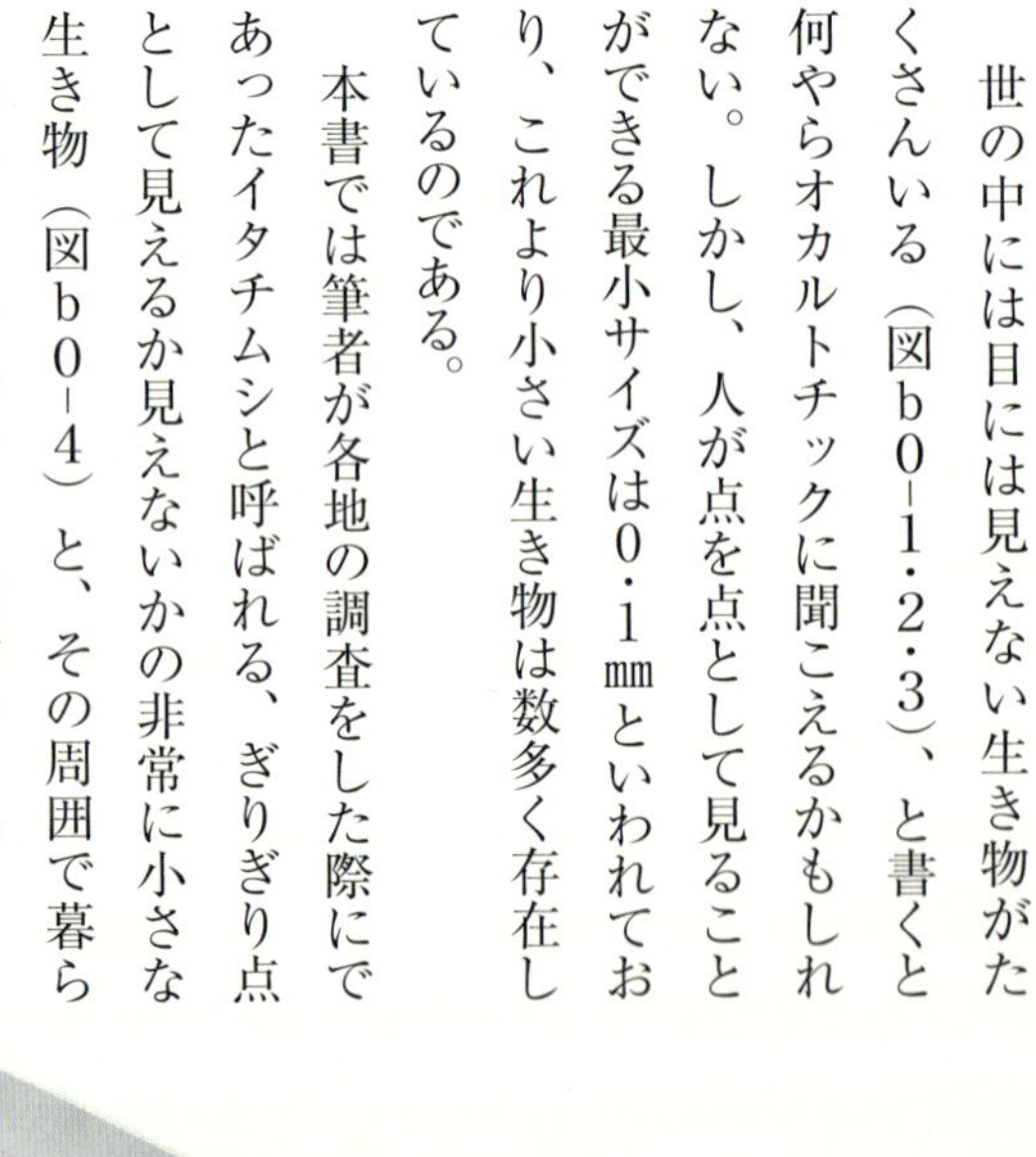

はじめに

世の中には目には見えない生き物がたくさんいる（図b0-1・2・3）、と書くと何やらオカルトチックに聞こえるかもしれない。しかし、人が点を点として見ることができる最小サイズは0・1㎜といわれており、これより小さい生き物は数多く存在しているのである。

本書では筆者が各地の調査をした際にであったイタチムシと呼ばれる、ぎりぎり点として見えるか見えないかの非常に小さな生き物（図b0-4）と、その周囲で暮らす隣人たる生き物たちを紹介しよう。

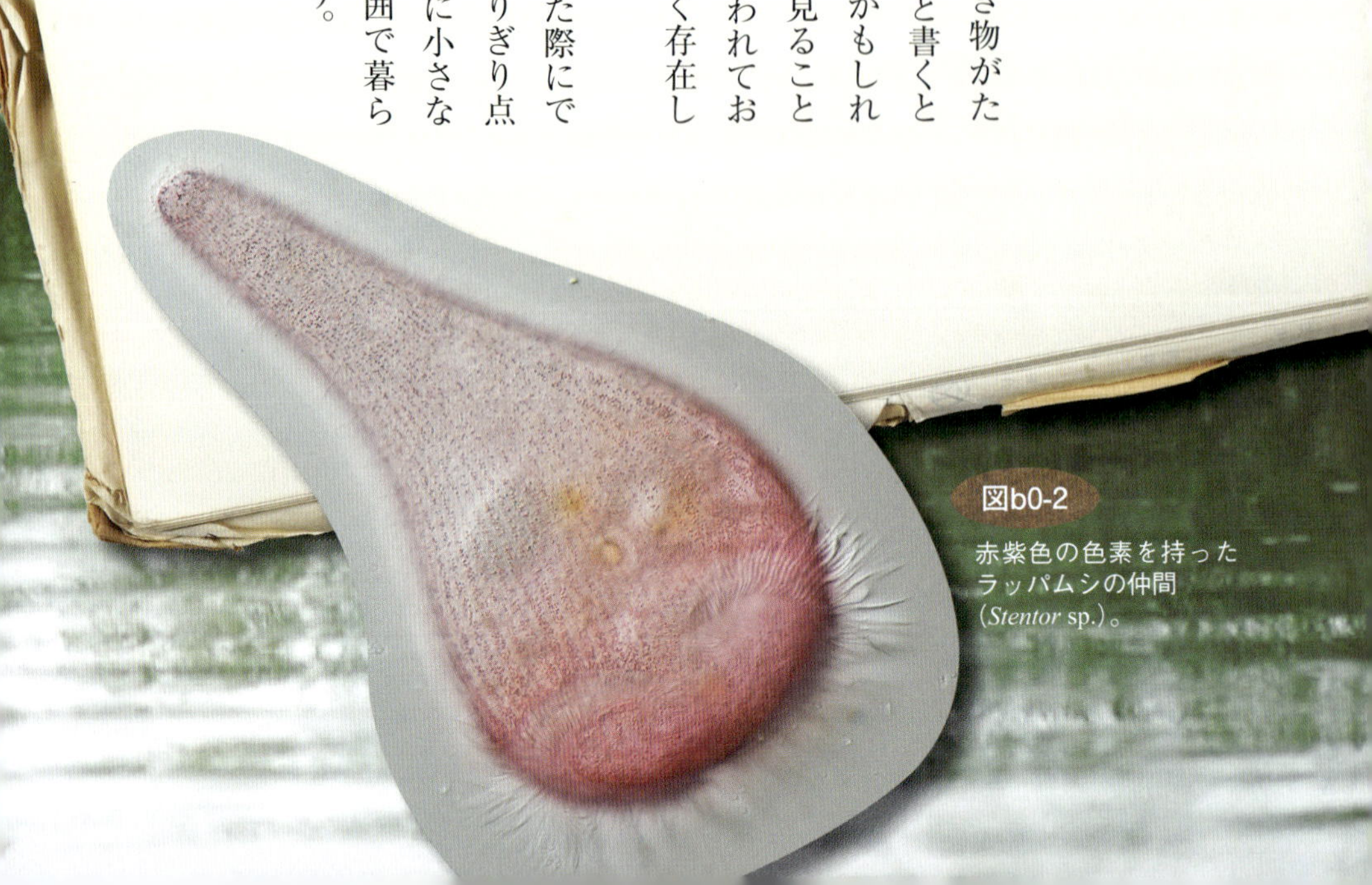
図b0-2
赤紫色の色素を持ったラッパムシの仲間（*Stentor* sp.）。

図b0-3
アミメゼコゼミジンコ（*Ceriodaphnia reticulata*）の頭部を足場代わりにしている寄生性ツリガネムシの仲間（*Epistylis* sp.）。

図b0-4 イタチムシの仲間（*Chaetonotus* sp.）の電子顕微鏡写真（×845）。

イタチムシという生物がいる（図b1-1）。
世界最小クラスの多細胞動物であり、
ボウリングピンに尻尾を生やしたような愛嬌のある形の生物で、
1930年に書かれた福井玉夫（たまお）の論文「イタチムシの話」の中でも
「かわいらしい小虫」と表現されている。
かわいらしいグッズの類も少量ながらある（図b1-2・3）。
そんなかわいらしい小虫のイタチムシであるが、
実物を見たことがあるという方は少ないだろう。

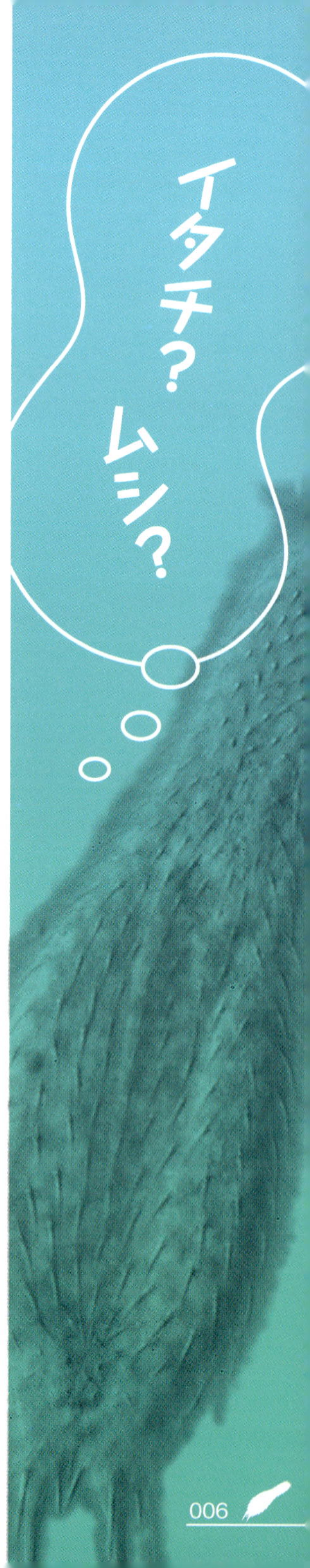

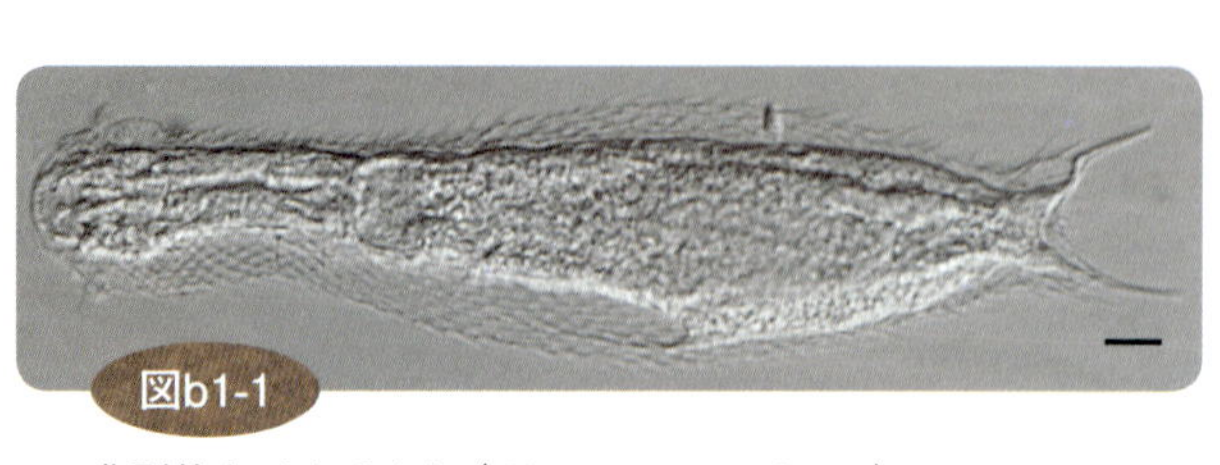

典型的なイタチムシ（*Chaetonotus retiformis*）bar = 5μm。

「イタチ」とついているが、
イタチ（図b1-4）のような哺乳類ではなく、
「ムシ」とついているが、昆虫の類でもない。
この生物は水底にすむ、体長わずか0・1㎜ほどの
小さな多細胞生物である。

図b1-2
ホワイトメタルで作られた
イタチムシの置物（製作　高石麻代）。

図b1-3
お湯で柔らかくなる樹脂で作られた
イタチムシ（琵琶湖博物館の実習）。

図b1-4 イタチ

01 イタチムシとは

イタチムシ研究の現状

イタチムシは腹毛動物門、毛遊（イタチムシ、*Chaetonotida*）目に属する動物である（表c1-1）。世界で5科19属334種が記載され、日本においては現在までに3科8属45種の生息が報告されている。日本における調査実績は少なく、現在確認されている日本産イタチムシ類45種のうち32種は1900年代に行われた鈴木實(みのる)や川村多実二(たみじ)による調査で見つかったものである（表c1-4）。その後の調査では主に湖沼のプランクトン調査の際にイタチムシも見つかったという報告がある程度だが、1959年の新潟県の新井高校による野尻湖調査では非常に珍しい浮遊性のイタチムシが属レベルの同定ではあるが採集されている（図c1-2・3）。とはいえ、プランクトン調査での報告のほとんどは種レベルまでの分類がなされていなかったり、同定があやしいものが多かったり、何より2000年以降に大幅な分類群の改定があったりしたため、再調査が必要になってきている。

イタチムシは湖沼、湿地、水田など多くの止水域(しすいいき)にいる可能性がある一方で、その小ささ、分類の困難さから、どこにどんな種がいるのか、いつどうやって出現するのか、他の生物や環境との関係はどうなっているのかなど、いまだに不明なことの多い生き物である。

図c1-2 湖畔から見た野尻湖。

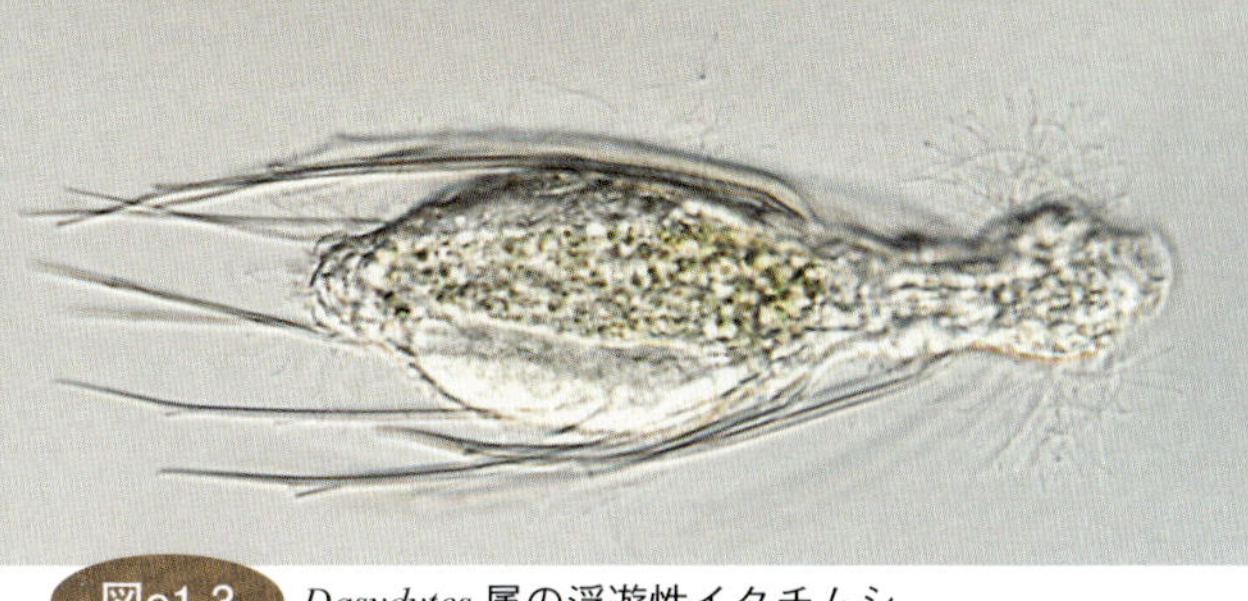

図c1-3 *Dasydytes* 属の浮遊性イタチムシ。

イタチムシの身体

一般的なイタチムシは首元のくびれたボトル型、もしくはボウリングピン型の形をしており、多くの場合、身体の表面に鱗板を持っている（図c2-1・2・3）。この鱗板の有無、鱗板に生える棘の有無や形状が分類上非常に重要なポイント（分類形質）となる。

イタチムシは大きなものでも500μm（0.5㎜）ほどの小さな生物である。単細胞動物の繊毛虫と同じ程度のサイズしかないが、その体は数百の細胞からなり、その内部にはちゃんと内臓と呼べるものが詰まっている。毛の生えた口から始まり、筋肉質の咽頭、シート状の細胞からなる腸、末端には肛門があり、腸管の左右に余計な水分を排泄する原腎管があるなど、消化排泄系は一通り揃っている（図c2-4・5）。頭部には「脳」と呼べる程度には発達した神経細胞の集団が見られ、そこから全身に神経系が伸びる。また全身には筋肉の繊維が走り、それがスムーズな動きを可能にしている。なにより驚くべきは、これらの内部構造の詳細な観察が1930年の福井玉夫の論文の中で、すでになされていたことだろう。この結果は現在の最新機器を用いた観察と比較しても遜色ないレベルであった（図c2-6）。

これら内臓は当然身体の内側にある、つまり表皮におおわれているのだが、この表皮が一風変わった構造を取っている。通常の細胞は1細胞につき、一つの核を持っているのだが、イタチムシの表皮の核を染色し観察してみると、ほとんど表皮に核が存在していないことがわかる(図c2-7)。これは表皮が細胞融合して多核化した巨大細胞、合胞体(シンシチウム)という構造を取っているからである。表皮の合胞体はイタチムシと近い生き物であるワムシや鉤頭(こうとう)虫(ちゅう)にも見られる。このような多核の巨大細胞は実は人間でも見られ、例えば骨格筋の筋繊維では筋細胞が合胞体化しており、個々の細胞が持つ収縮装置を連結することで強力な収縮力を生み出している。イタチムシでは、この合胞体の表皮の上には鱗板や繊毛が存在し、そしてそれらをおおうように薄いタンパク質の層、クチクラが形成されている。体表面にクチクラの層を持つ生き物は多いが、繊毛の表面までクチクラにおおわれている生き物はイタチムシだけである(図c2-8)。

食性はサイズによって変わるといわれているが、これまでにバクテリアや小型の緑藻、珪藻類などが腸管に収まっているのが確認できている。咽頭は断面がY字型のスリットの入った筋肉で構成されており、このY字構造を広げることでスポイトのように吸い込むタイプである。吸引型の摂食であることを考えると、吸い込めるサイズであれば、とりあえず食べ、消化できなければそのまま排泄というパターンであろう。

表c1-1 イタチムシの分類

Kingdom（界）	Phylum（門）	Class（綱）	Order（目）
animalia（動物界）	*gastrotricha*（腹毛動物門）		*chaetonotida*（イタチムシ目）
			Macrodasyida（オビムシ目）

表c1-4 日本産イタチムシの報告地点

学　名	和　名	報告地点
Aspidiophorus heterodermus (Saito, 1937)	イケイエウロコイタチムシ	広島
Aspidiophorus microsquamatus Saito, 1937	コアヤエウロコイタチムシ	広島
Aspidiophorus nipponensis Schwank, 1990		広島
Aspidiophorus paradoxus (Voigt, 1902)	エウロコイタチムシ	広島
Aspidiophorus semirotundus Saito, 1937	ハンマルエウロコイタチムシ	広島
Chaetonotus bisacer Greuter, 1917		大阪、広島
Chaetonotus brevispinosus Zelinka, 1889		大東島
Chaetonotus carpaticus Rudescu, 1967		沖縄
Chaetonotus cordiformis Greuter, 1917	ダエンイタチムシ	大阪、広島
Chaetonotus crinitus Sudzuki, 1971		山梨
Chaetonotus disjunctus Greuter, 1917	タテイタチムシ	広島
Chaetonotus fujisanensis Sudzuki, 1971		山梨
Chaetonotus hystrix Metschnikoff, 1865	ゴカク(イツカド)イタチムシ	広島
Chaetonotus intermedius Kisielewski, 1991		大東島
Chaetonotus maximus Ehrenberg, 1831		広島
Chaetonotus machikanensis Suzuki and Furuya, 2011	マチカネイタチムシ	大阪、滋賀、大東島
Chaetonotus multispinosus Grünspan, 1908		広島
Chaetonotus oculifer Kisielewski, 1981		滋賀
Chaetonotus persetosus Zerinka, 1889	ゴスジ(イツスジ)イタチムシ	広島
Chaetonotus polyspinosus Greuter, 1917		滋賀
Chaetonotus retiformis Suzuki and Furuya, 2011	アミメイタチムシ	大阪、滋賀
Chaetonotus scutatus Saito, 1937	ホコイタチムシ	広島
Chaetonotus similis Zerinka, 1889	スキイタチムシ	広島
Chaetonotus succinctus Voigt, 1902	ハリイタチムシ	広島
Chaetonotus zelinkai Grünspan, 1908	ナガイタチムシ	広島
Dichaetura capricornia (Metschnikoff, 1865)		滋賀
Dichaetura filispina Suzuki and Furuya, 2013	ケトゲトゲオイタチムシ	滋賀
Heterolepidoderma gracile Remane, 1927	スジウロコイタチムシ	広島
Heterolepidoderma macrops Kisielewski, 1981		滋賀
Heterolepidoderma majus Remane, 1927	ダエンスジウロコイタチムシ	広島
Heterolepidoderma obesum d'Hondt, 1967		滋賀
Heterolepidoderma obliquum Saito, 1937	ナナメスジウロコイタチムシ	広島
Heterolepidoderma ocellatum (Metschnikoff, 1865)	ヒシスジウロコイタチムシ	広島、山梨
Ichthydium forficula Remane, 1927	トガリオハダカイタチムシ	広島
Ichthydium macrocapitatum Sudzuki, 1971		山梨
Ichthydium maximum Greuter, 1917	マキシムハダカイタチムシ	広島
Ichthydium podura (Müller, 1773)	ハダカイタチムシ	広島
Lepidodermella acantholepida Suzuki and Furuya, 2013	カギウロコイタチムシ	滋賀
Lepidodermella aspidioformis Sudzuki, 1971		山梨
Lepidodermella serrata Sudzuki, 1971		山梨
Lepidodermella squamata Dujardin, 1841	ウロコイタチムシ	大阪、滋賀、広島
Polymerurus nodicaudus (Voigt, 1901)	イタチムシ	大阪、広島、長野
Polymerurus nodifurca (Marcolongo, 1910)		滋賀
Polymerurus serraticaudus Voigt, 1901		沖縄
Proichthydioides remanei Sudzuki, 1971		長野

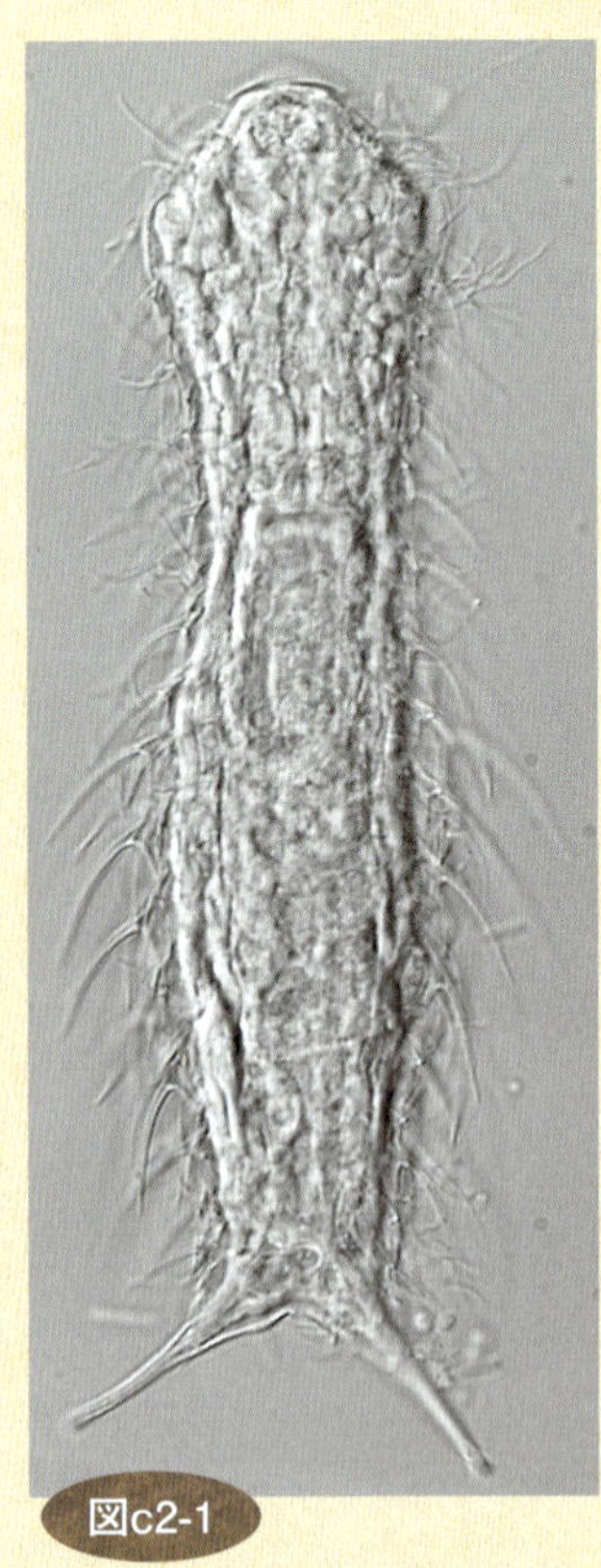

図c2-1

典型的なイタチムシの一種（*Chaetonotus machikanensis*）。

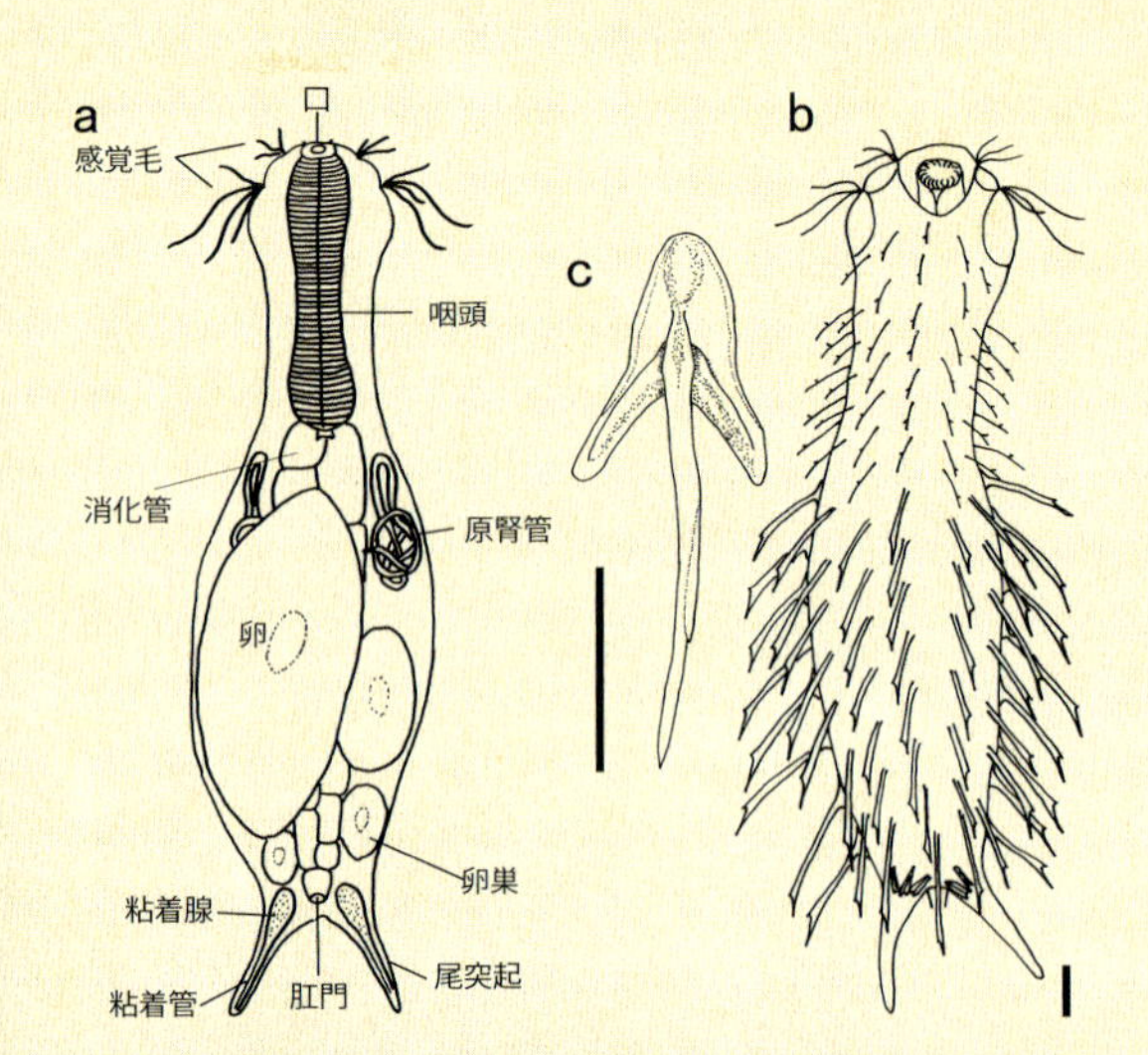

図c2-2

典型的なイタチムシの模式図。
a. 内部構造　b. 背側　c. 背側鱗板
bar = 5μm

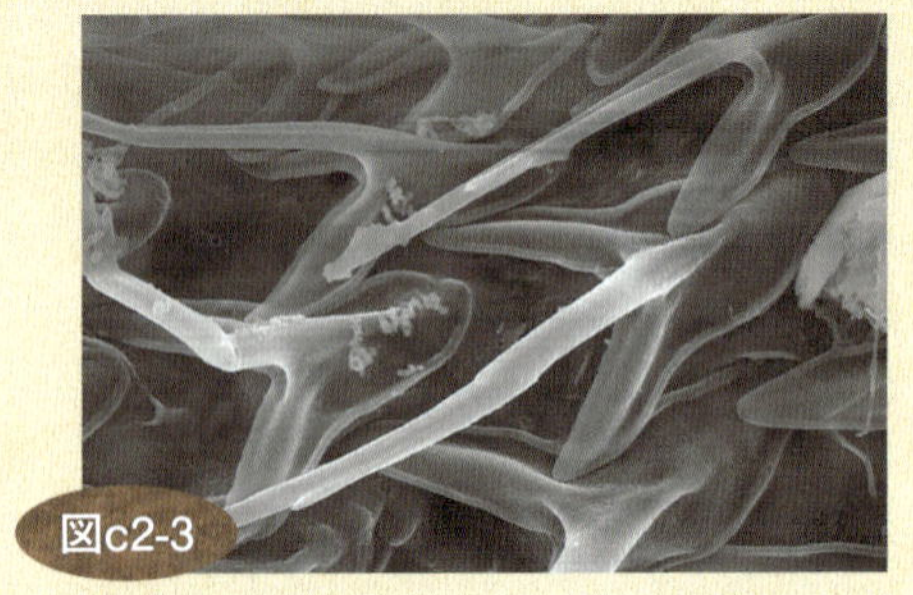

図c2-3

マチカネイタチムシ（*Chaetonotus machikanensis*）の背側鱗板の走査型電子顕微鏡写真（×10,000）。

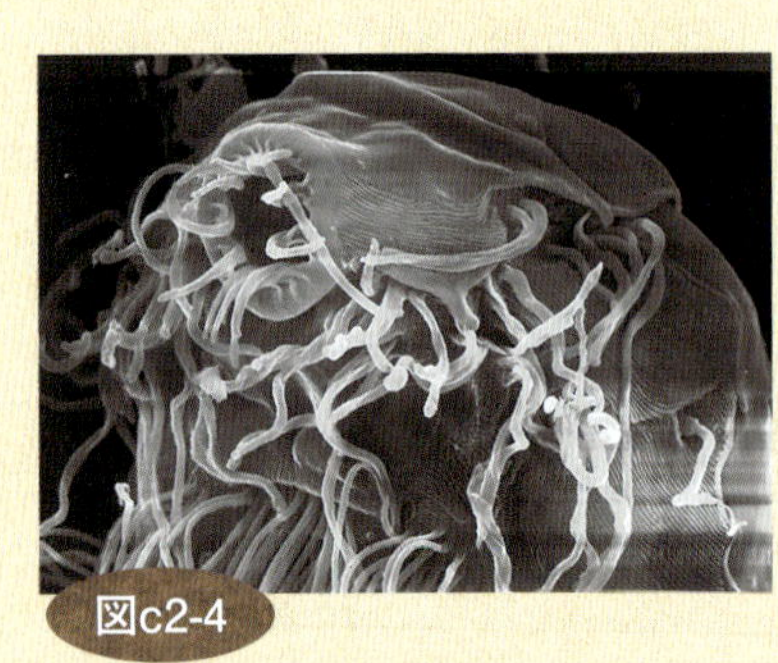

図c2-4

ウロコイタチムシ（*Lepidodermella squamata*）の口元の走査型電子顕微鏡写真（×5,000）。

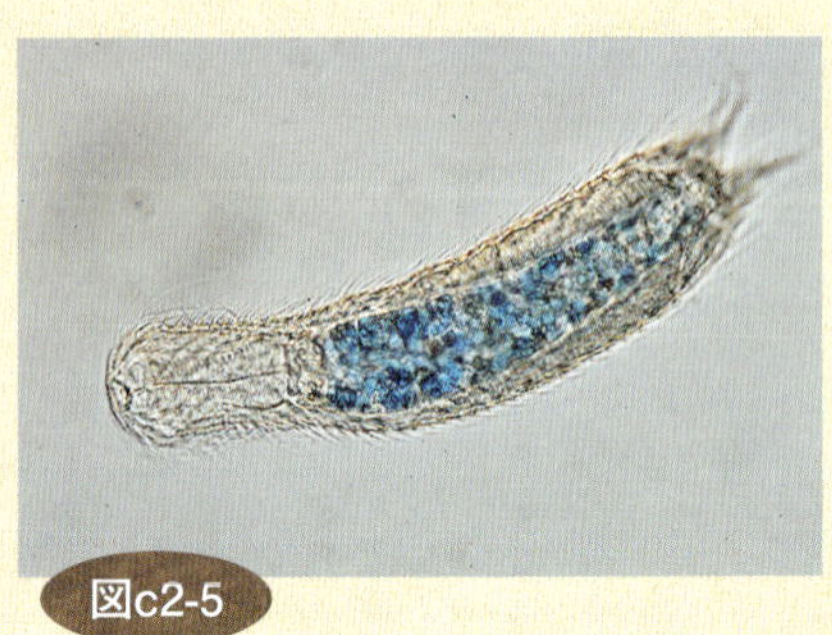

図c2-5

食べたものによって腸管が青く染まったイタチムシの仲間（*Chaetonotus* sp.）。

第　一　圖　版

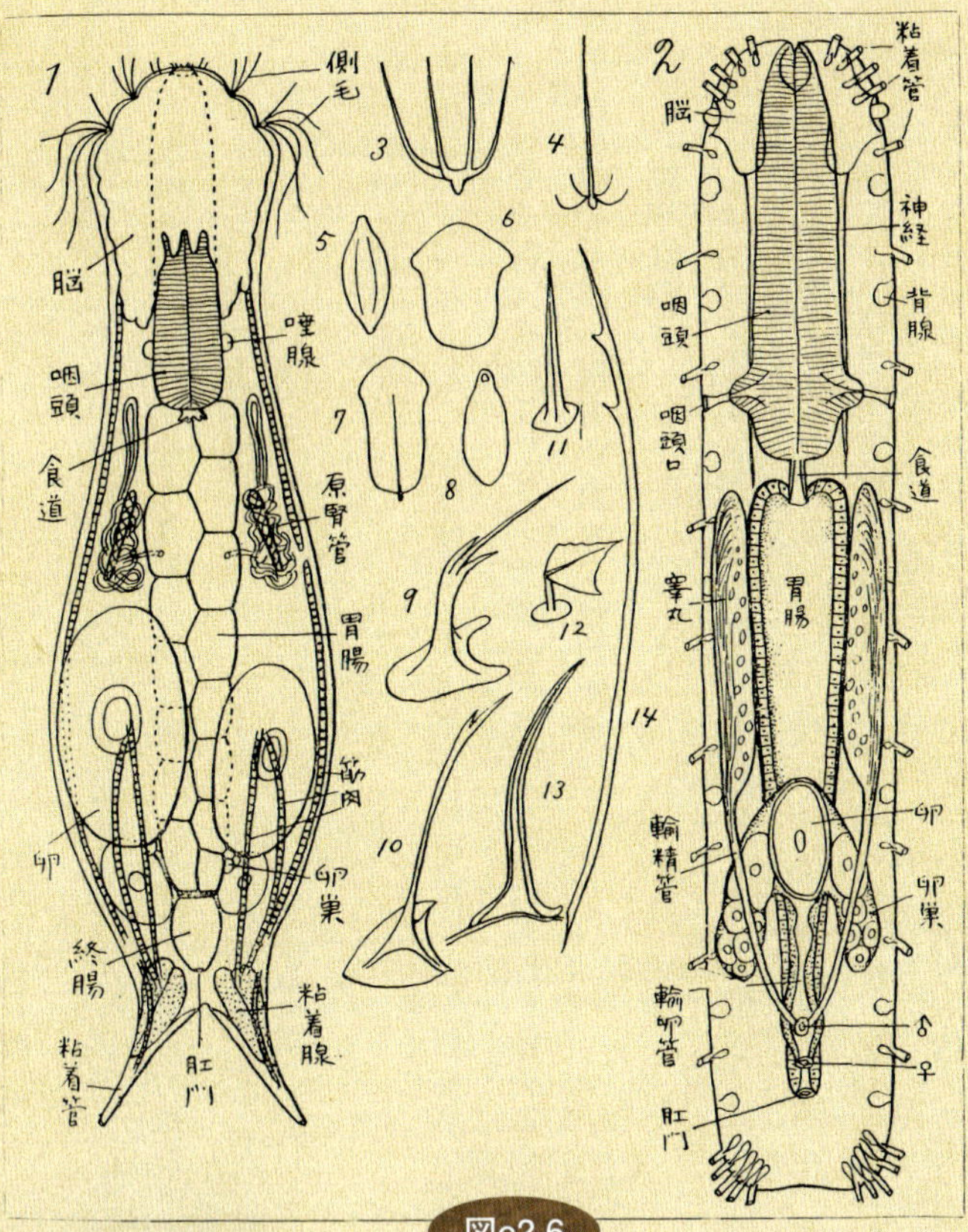

図c2-6

福井(1930)によるイタチムシ(1)とオビムシ(2)のスケッチ。

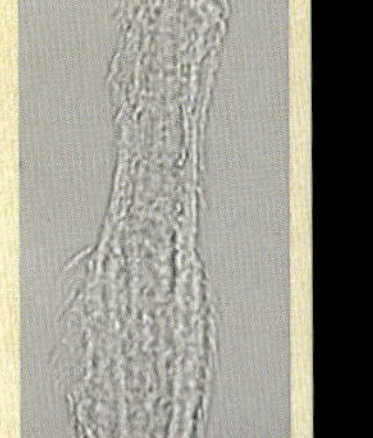
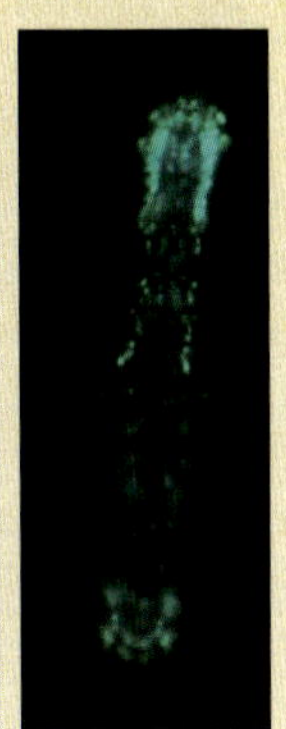

図c2-7

蛍光色素(DAPI)により核を染めたイタチムシの明視野写真(左)と蛍光写真(右)。

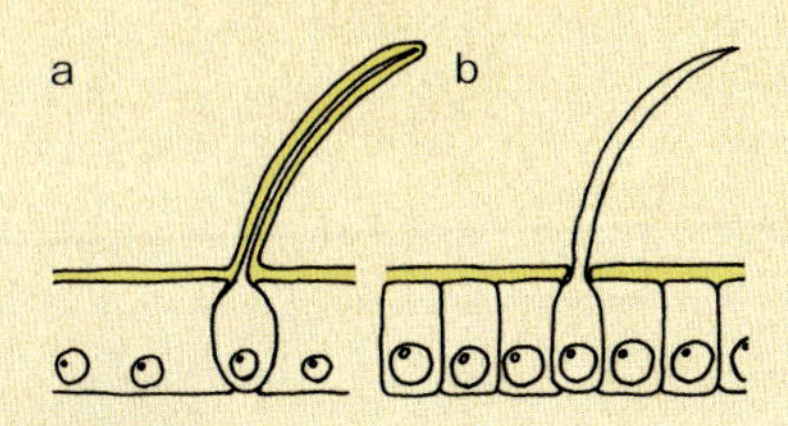

図c2-8

イタチムシの上皮(a)と一般的な上皮(b)の模式図。イタチムシでは細胞が融合しており、クチクラ(黄色)が繊毛の表面もおおっている。

鱗板、小さいけれど大きな特徴

先ほどの項で紹介したように、イタチムシを見分ける上で最も重要になってくる要素が体表面の鱗板である。そのほとんどは長辺ですら5㎛に満たない非常に小さなものだが、その形状、配置にはさまざまなパターンが存在し、見分けるための非常に重要な特徴（分類形質）を作っている。鱗は大雑把に分けて4パターン存在し、その中でさらに細かく特徴が分かれている（図c3-1・2）。

棘＋鱗タイプ（図c3-1a・2a・3）

もっともよく見られるタイプの鱗板であり、さまざまな属のイタチムシがこのタイプの鱗板を持っている。矢じり型や円形といった鱗板本体の形状と、先端の分岐や長さといった棘側の形状の両方が重要な分類形質になる。

扁平な鱗タイプ（図c3-1b・2b・4）

ウロコイタチムシ属によく見られるタイプの鱗板である。鱗上の構造物に乏しいため、鱗自体の形と大きさが主な分類形質になる。多角形のものや円形のものが見られる。

隆起（*keel*）を持つ鱗タイプ（図c3-1c・2c・5）

スジウロコイタチムシ属によく見られる鱗板本体に縦方向の隆起（keel）があるタイプの鱗板である。鱗板自身はほとんど楕円形であり、表面の構造物が固定のため、扁平な鱗以上にバリエーションは少ない。そのため、この鱗板だけから種を特定するのは不可能に近い。

蓮の葉型の棘＋鱗タイプ（図c3−1d・2d・6）

エウロコイタチムシ属に見られるタイプの鱗板である。エウロコとはつまり「柄鱗」であり、体表面の小さな鱗板から柄のような棘が伸び、それが上部で蓮の葉のごとく平らに広がった形をしている。鱗板はほとんどの場合小さな円状のものだが、上部の広がった部分のバリエーションは多く分類に役立っている。

これら鱗の形状はイタチムシの進化を考える上で重要な位置づけにされてきたのだが、昨今のＤＮＡ配列を用いた系統解析ではむしろ変化しやすく、進化を探る上でさほど重要ではない可能性も挙げられてきている。とはいえ、現状のイタチムシの分類では鱗板に頼っているところは多く、属レベルの分類ではＤＮＡ配列を用いた解析でも鱗板の形状と属のまとまりの関係性は支持されており、重要な形質であることは間違いない。

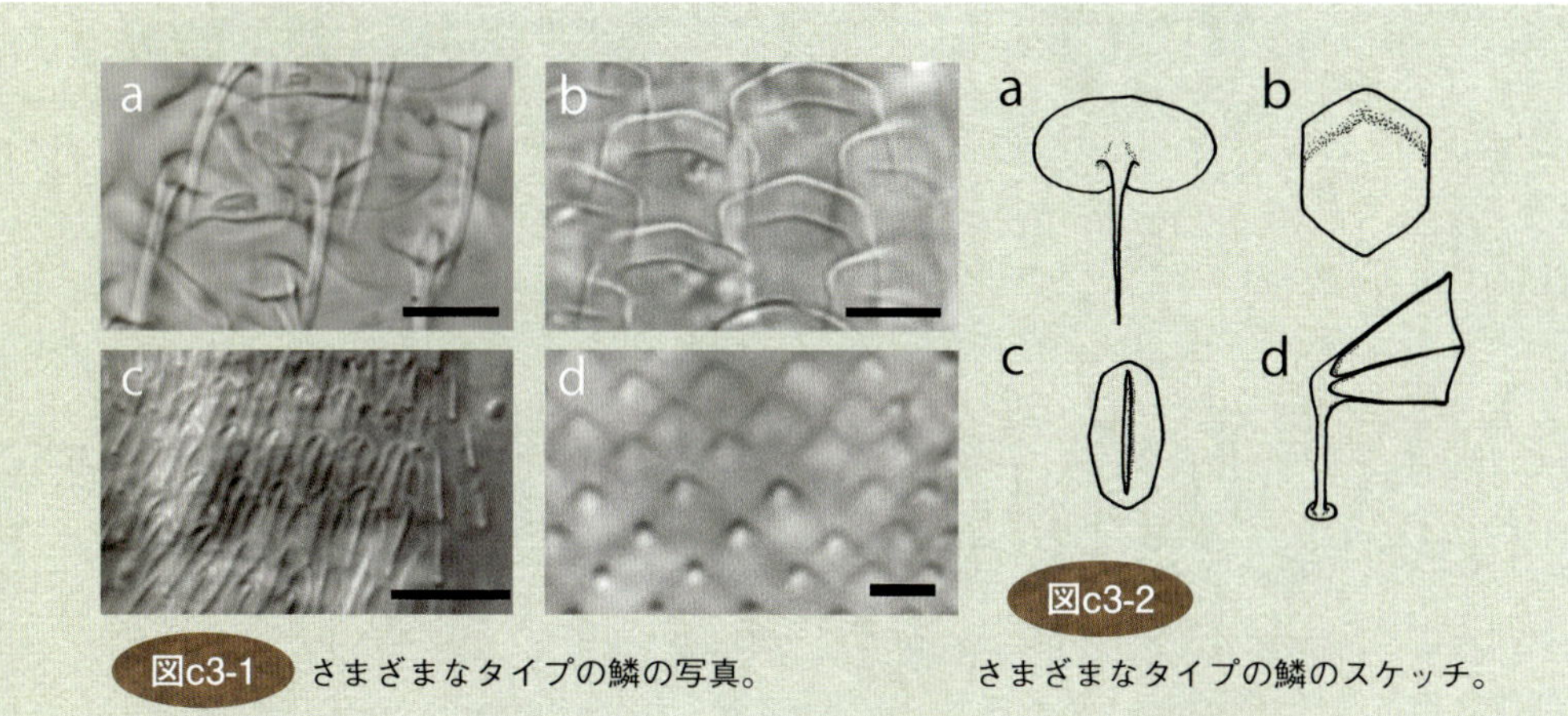

図c3-1 さまざまなタイプの鱗の写真。

図c3-2 さまざまなタイプの鱗のスケッチ。

a. 棘＋鱗タイプ　b. 扁平な鱗タイプ
c. 隆起を持つタイプ　d. 蓮の葉型の棘＋鱗タイプ

図c3-3 イタチムシの仲間（*Chaetonotus* sp.）。

図c3-6 エウロコイタチムシの仲間（*Aspidiophorus* sp.）。

図c3-5 スジウロコイタチムシの仲間（*Heterolepidoderma* sp.）。

図c3-4 ウロコイタチムシ（*Lepidodermella squamata*）。

学名を読み解く

学名とは特定の規約にのっとってつけられた、その生物に対する世界共通の名前である。動物には「国際動物命名規約」、植物、菌類、藻類には「国際藻類・菌類・植物命名規約」、細菌には「国際細菌命名規約」が存在し、根本の名づけ方こそ同じであるが、それぞれの分野でいくらか命名の指針が異なっている。ここでは主に動物の学名からわかることを紹介する。

■基本構造

基本的には「属名」、「種小名」、「命名者名」、「命名年」からなり、属名の最初を大文字にした斜体のアルファベットで書かれることが多い。また、何度もフルで出てくるとさすがに長いということで、2回目以降は属名が短縮されたり、命名者命名年が省略されたりもする。上記のとおり学名といえば斜体というイメージがあるが、実はこれは「学名がラテン語、もしくはギリシャ語であり、地の文とは言語体系が違う」ことを示すために慣例的に斜体にしているだけであり、区別さえつけば別に斜体でなくてもよい。とはいえ、「学名は斜体」というイメージがついていることを考えると、無用な混乱を避けるためにも慣例に従って書いたほうが無難であろう。

誰が、いつ、
何の仲間として
名づけたかわかる♪

和 名　マチカネイタチムシ
学 名　*Chaetonotus* *machikanensis* Suzuki & Furuya, 2011
属　名　種小名　命名者　命名年

例に挙げたマチカネイタチムシは筆者らが2011年に記載した新種のイタチムシである。生物は大きな分類群から順に界、門、綱、目、科、属、種とそれの間を補う、いくつかの細かい分類群によって分けられている。学名は主に、このうち「属」と「種」という比較的小さな分類を示している。属名は「苗字」、種小名は「名前」と思えば考えやすいだろう。*Chaetonotus* さん家の *machikanensis* 君を鈴木と古屋が2011年に新種として記載しましたという具合である。

■記号と略称

学名は読みやすくするためにしばしば略称が使われたり、さまざまな記号が入ったりすることがある。よく見るものの例を挙げると

Chaetonotus sp.　………1　　*P. nodicaudus* (Voigt, 1901)　………2

などがある。

1にある「sp.」は「species（種）」の略で、よく図鑑などで見る「〜の一種」という意味である。新種である場合は「n.sp.」、複数の未同定種を混ぜた場合は「spp.」と書かれる。

2のP.は属名を略したものであり、この場合は「*Polymerurus*」を略している。こちらは以前の文に略していない状態の学名が出ていないと使用はできない。命名者名と年号がカッコでくくられているのは記載されてから途中で属が変わったことを示している。*Polymerurus nodicaudus* は最初 *Chaetonotus nodicaudus* として1901年に記載され、後に *Polymerurus* 属が出来上がると同時に移されたのである。

このように学名からはその生物の所属だけでなく、いつ、誰が、記載したか、その後学名にどのような変化があったかまで読み取れるのである。

イタチムシの殖え方

生殖方法は大まかに海産と淡水産で分かれている。ほとんどの海産種では雌雄同体の個体がお互いの精子を交換し合うカタツムリ型の有性生殖によって、淡水種は基本的にメスのみであり、受精を必要としない単為発生によって増殖している。この受精なしという全個体が生殖隔離を受けている状態で、イタチムシがどのように「種」というくくりを維持しているかはいまだ解明されていない。しかし、タコイカ（イカの一種）に寄生しているニハイチュウ（図ｃ４−１）という生物でも同様に同種間での遺伝情報の交換が確認されておらず、自然界ではまだ人の知り得ない「種」の保存法があるのかもしれない。

イタチムシは産卵の方法もまたユニークである。このサイズの生物の生殖戦略はワムシやミジンコを見てみると大型の卵を少数産むという方法を取っているものが多く見られる。イタチムシも例に漏れずおよそ２週間という短い一生のうちに大型の卵を３〜５個程度産む。問題は卵の産み方である。ワムシやケンミジンコは体の後部にぶら下げており（図ｃ４−２・３）、ミジンコでは殻の隙間に納めている（図ｃ４−４）。いずれも産卵時の負荷を減らす方法を取っているのに対して、イタチムシは体内の背中側に卵を保管するのである（図ｃ４−５）。体長の３分の１から２分の１にまで成長する卵を産むことは容易ではなく、産卵孔がある種では詰まって死に至ることもある。また、種によっては孔から出すことをあきらめ、背中の表皮を一時的に破って産卵することが確認されている。結果、長期培養を行っていると徐々に背中が明らかに凹んだ個体や卵が体内に残ったまま死んだ個体が見られるようになってくる。産卵自体もともと高コストな生理現象ではあるのだが、ここまで命をかける生物はそうそういないだろう。

2種類の卵

命をかけて産み落とした卵であるが、この卵には二つのタイプがあることがわかっている。見分け方は実に簡単で、一方は薄い殻に包まれたタイプ、もう一方は多数の突起が表面に生えており、殻も厚いタイプである（図c5-1）。その正体は前者がすぐに発生の始まる通常卵で、後者が乾燥や悪化した環境に耐えるための耐久卵である。このように通常卵と耐久卵を産み分ける生き物は、小型の生物に多く、ミジンコ類やコケムシ類の耐久卵はプランクトン観察でも比較的よく見つかる（図c5-2・3）。イタチムシの卵は通常卵であれば産み落とされてすぐに発生が始まり、48時間後には親の3分の2程度の大きさの幼若（ようじゃく）（若く幼い）個体が生まれてくる（図c5-4）。この時点で親と同じ姿であるため、一般にイタチムシ類に「幼生」と呼ばれる時期はない。対して耐久卵は細胞分裂が始まらず、1細胞の状態で適した環境がくる時期を待っているのである。

これら2種の卵の産み分けに関してはまだ具体的な方法はわかっていない。例えばミジンコ類の多くは環境の悪化とともにオスが現れ、受精、または出現の刺激によって耐久卵が作られるといわれている。淡水のイタチムシ類には特定条件で精子が産生（さんせい）（うみだされること）される

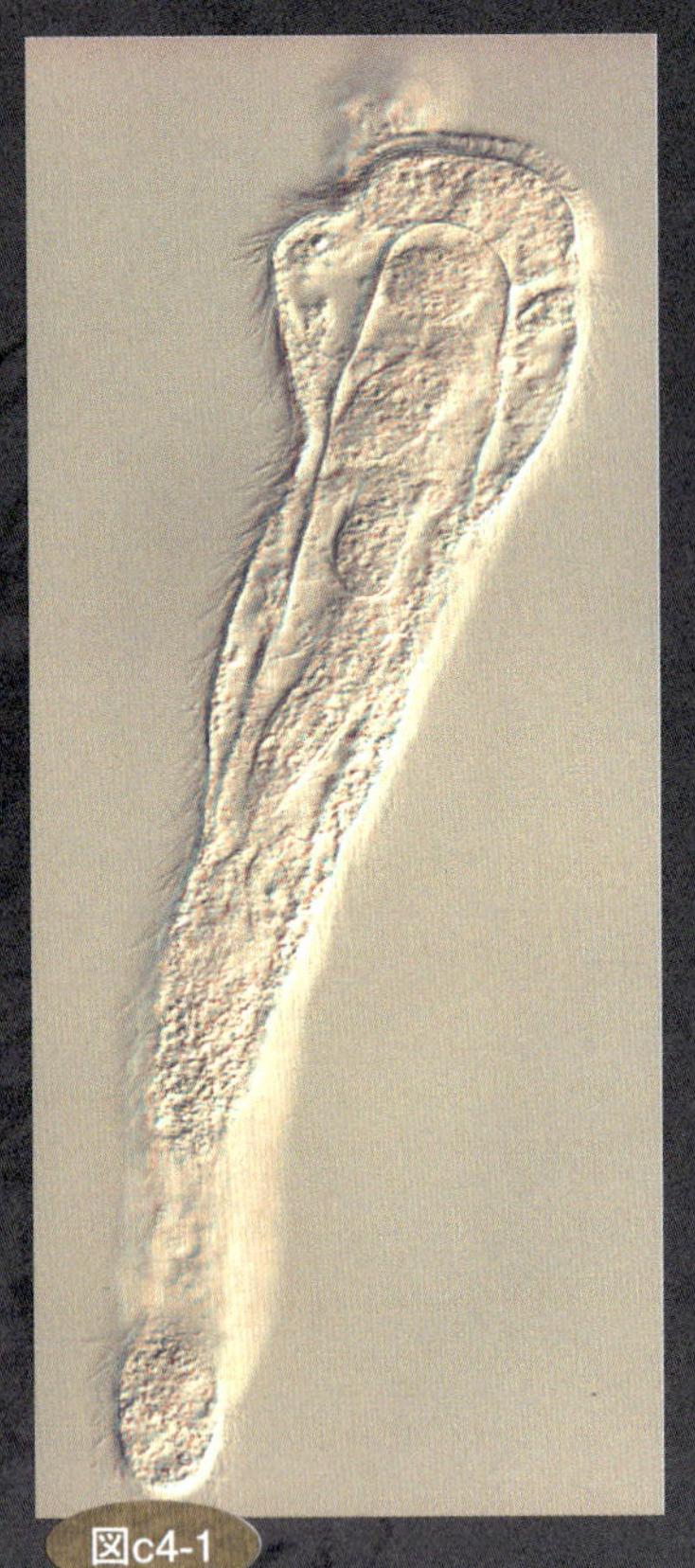

図c4-1
中生動物ニハイチュウ（*Dicyemida*）。

図c4-2
卵を抱えたカメノコウワムシの仲間（*Keratella* sp.）。

図c4-3
卵を抱えたケンミジンコの仲間（*Eucyclops* sp.）。

図c4-4
卵を持ったタイリクミジンコ（*Daphnia similis*）。

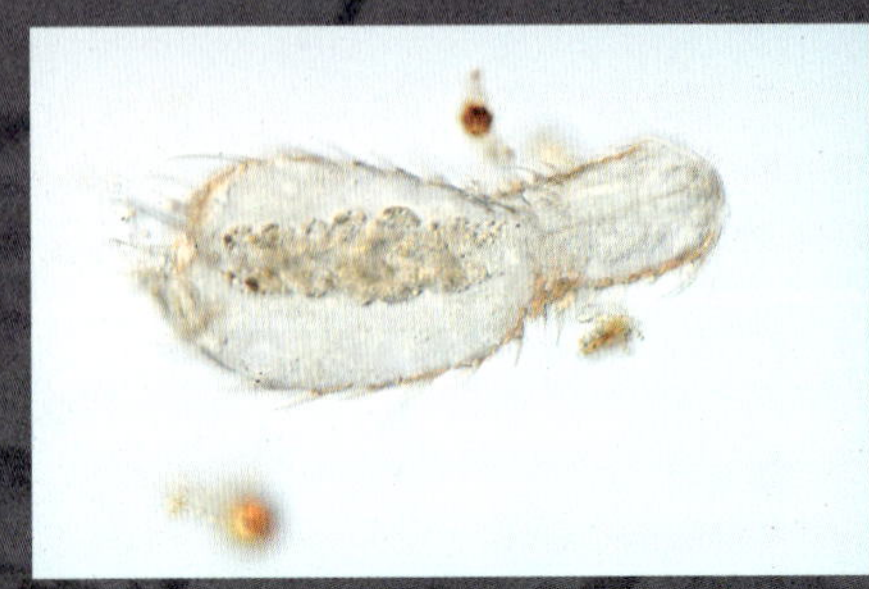

図c4-5
卵を持ったイタチムシの仲間（*Chaetonotus* sp.）。

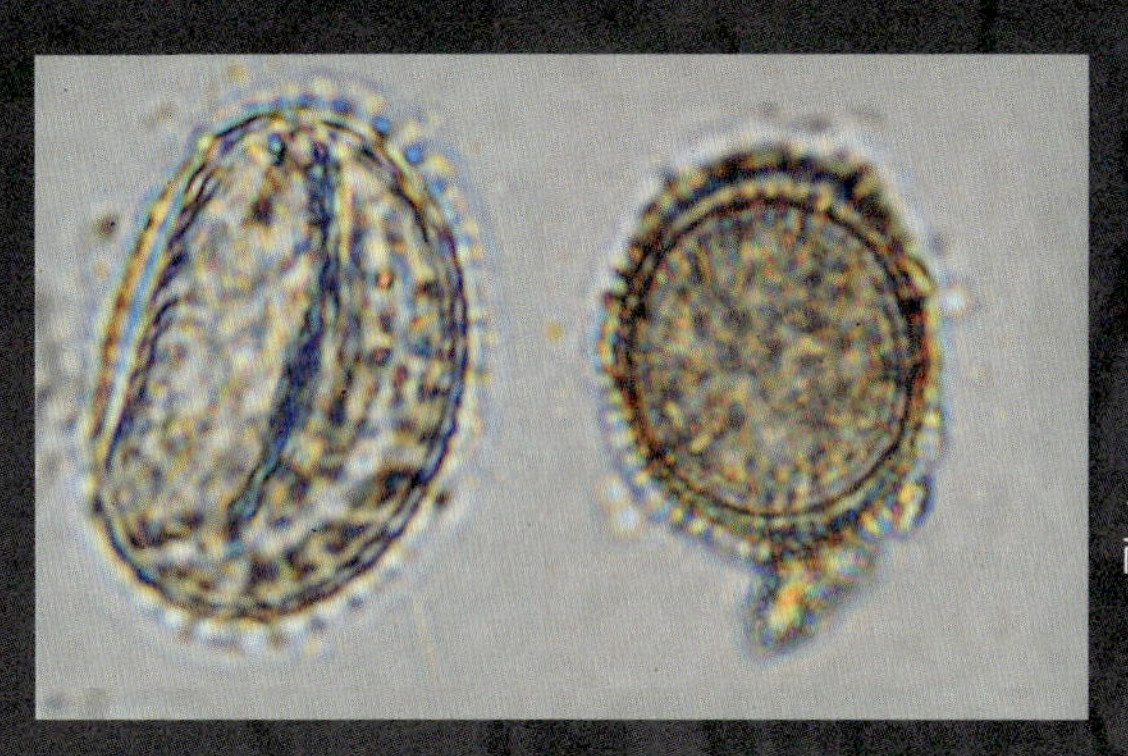

図c5-1
イタチムシの通常卵(左)と
耐久卵(右)。

図c5-2
ミジンコの耐久卵。

図c5-3 コケムシの耐久卵。

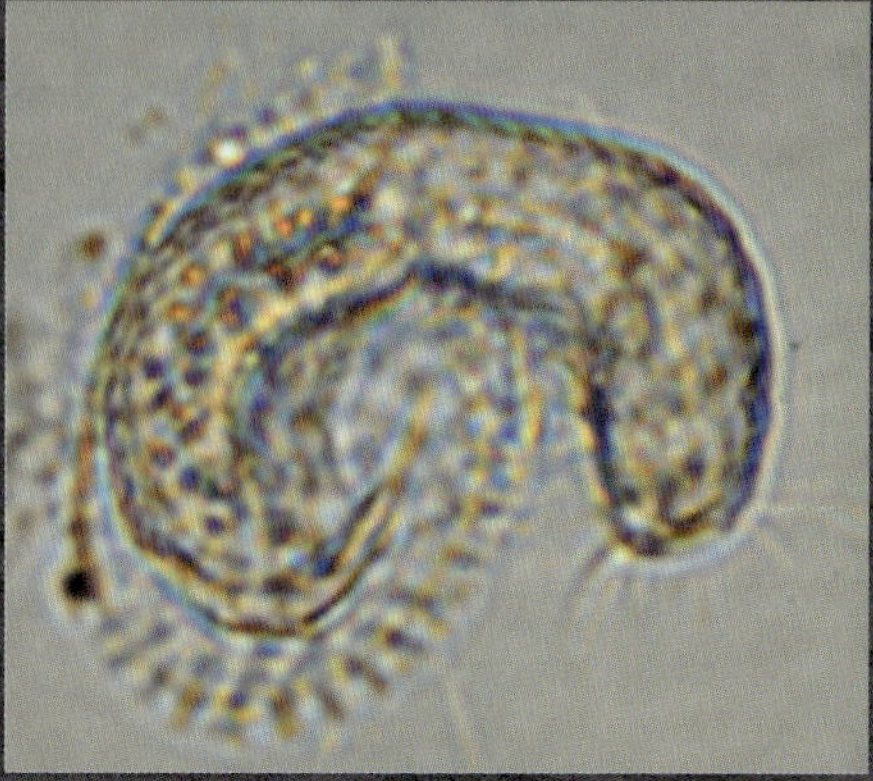

図c5-4 孵化直後のウロコイタチムシ
(*Lepidodermella squamata*)。

ことがあることは知られているが、受精は確認されておらず、卵は基本的にすべて無精的に発生している。また、一部の種では耐久卵は必ず2回目以降の産卵でしか見られないという変わった特徴を持つものまでいる。

耐久卵を作る生き物は大体ミジンコのように、すでに体の中に耐久卵ができあがってくるのが見えるものである。しかし、イタチムシ類は巨大な卵を産むため、卵殻を外に卵が出た瞬間作り上げるという離れ業をやってのけている。そのため、背中にあるうちは通常卵か耐久卵かの判別はまず不可能である。

この卵殻の形成方法を考えると、イタチムシの卵は、「卵殻の素」とでもいうべきものといっしょに産み落とされるわけである。生まれる時には通常卵用の卵殻の素か耐久卵用の卵殻の素と常に接することになる。ひょっとしたらこの卵殻を作る成分にこそ、イタチムシ類の通常卵と耐久卵の性質の差を作り出している原因が含まれているのかもしれない。

最初のイタチムシ

日本で初めて発見されたイタチムシは *Polymerurus nodicaudus* という種で、1918年に川村多実二が信州上田（長野県上田市）の池で見つけ、和名イタチムシを与えている（図c6-1）。細くしなやかに曲がる身体、体表面をおおう毛皮のごとき棘、ひょろりと長い尾。どことなくイタチのような印象を受けないだろうか。このひょろ長い体の腹側には2列の繊毛が生えており、この繊毛を動かして水中や水底を自在に滑るように動き回るのである。

そして、この腹側の繊毛が、イタチムシが属している「腹毛動物門 Gastrotricha」(Gastro－はラテン語で「腹の」の、tricha は「毛」の意味)の名の由来である(図c6－2・3)。

図c6-1 和名イタチムシを持つイタチムシ(*Polymerurus nodicaudus*)の写真。

図c6-2 イタチムシの仲間(*Chaetonotus* sp.)の腹側の走査型電子顕微鏡写真(×568)。腹側に2列の繊毛列が観察できる。

図c6-3 イタチムシの仲間(*Chaetonotus* sp.)の腹側の生物顕微鏡写真。腹側に2列の繊毛列が観察できる。

02 イタチムシはイタチムシではない？

今紹介した*P. nodicaudus*は、「イタチムシの身体」で説明したものと比べて違和感がないだろうか。ボトル型でなく、くびれのない身体、長く節のある尾突起は典型的なイタチムシとは異なっている（図d1）。そう、和名「イタチムシ」のイタチムシはイタチムシの代表種ではないのである。

生き物には世界中で共通して使われる名前である「学名」と地域で呼ばれる名前、英語圏で使われる「英名」や日本で使われる「和名」がある。学名が厳密なルールに基づいてつけられるのに対して、地域で呼ばれる名前はわりとゆるいルールのもと、使い勝手を重視してつけられる。例えば*Octopus vulgaris*は世界中どこでも同じ種を指すが、*O. vulgaris*の標準和名である「マダコ」は東北地方では標準和名ミズダコである*Enteroctopus dofleini*を指すこともある。

日本で和名「イタチムシ」といえば*P. nodicaudus*である。細長い体、体表面をおおう毛皮のような細かい棘、くねるように進む姿はどのイタチムシよりもイタチらしく見える。しかしこのようなタイプのイタチムシは実は世界で18種ほどしかいない。

このような話はちょくちょく起きており、例えば春先に食べるホタルイカ（*Watasenia scintillans*）は科レベルではホタルイカモドキ科であったりする。日本で代表的と思われているものが世界的には違っていたりすることは案外よくあるのである。

図d2

和名イタチムシ（*Polymerurus nodicaudus*）の写真。

図d1

典型的なイタチムシの写真（*Chaetonotus oculifer*）

郵便はがき

お手数ながら切手をお貼り下さい

522-0004

滋賀県彦根市鳥居本町655-1

サンライズ出版 行

〒

■ご住所

■お名前（ふりがな）　■年齢　歳　男・女

■お電話　■ご職業

■自費出版資料を　希望する・希望しない

■図書目録の送付を　希望する・希望しない

サンライズ出版では、お客様のご了解を得た上で、ご記入いただいた個人情報を、今後の出版企画の参考にさせていただくとともに、愛読者名簿に登録させていただいております。名簿は、当社の刊行物、企画、催しなどのご案内のために利用し、その他の目的では一切利用いたしません（上記業務の一部を外部に委託する場合があります）。

【個人情報の取り扱いおよび開示等に関するお問い合わせ先】
サンライズ出版 編集部　TEL.0749-22-0627

■愛読者名簿に登録してよろしいですか。　□はい　□いいえ

ご記入がないものは「いいえ」として扱わせていただきます。

愛読者カード

ご購読ありがとうございました。今後の出版企画の参考にさせていただきますので、ぜひご意見をお聞かせください。なお、お答えいただきましたデータは出版企画の資料以外には使用いたしません。

●書名

●お買い求めの書店名（所在地）

●本書をお求めになった動機に○印をお付けください。

1．書店でみて　2．広告をみて（新聞･雑誌名　　　　　　　　）
3．書評をみて（新聞･雑誌名　　　　　　　　　　　　　　　　）
4．新刊案内をみて　5．当社ホームページをみて
6．その他(　　　　　　　　　　　　　　　　　　　　　　　　）

●本書についてのご意見・ご感想

購入申込書

小社へ直接ご注文の際ご利用ください。
お買上 2,000 円以上は送料無料です。

書名　　　　　　　　（　　　冊）

書名　　　　　　　　（　　　冊）

書名　　　　　　　　（　　　冊）

03 水田という住処

日本の水田

人工的に作られた環境でありながら、非常に多様な生物が見られるのが水田である（図e1-1・2）。日本における水田での稲作は縄文時代からすでに始まっていたと考えられている。佐賀県の菜畑（なばたけ）遺跡には2500年ほど前の縄文時代後期の水田痕跡が発見されている。また、稲が栽培されていた形跡は岡山県の朝寝鼻（あさねばな）貝塚から発見されており、縄文時代初期にあたる6000年ほど前から稲作が行われていた可能性が示唆されている。琵琶湖博物館の展示でも、5000年前の粟津（あわづ）貝塚の展示に水田と思しき区切られた区画で作業する人のようすが描かれたパネルがある（図e1-3）。水田では定期的に乾燥した環境と湿潤な環境が入れ替わるという変化が起きており、はっきりとした乾期と雨期がある熱帯性の気候条件のような環境を温帯域である日本で提供している。現代の水田で生活している生き物たちは数千年の間に水田という環境に適応してきた生物だといえるだろう。

図e1-1 琵琶湖博物館屋外展示にある水田。

水田の多様な生物

水田は一時的に湿地に近い環境を周囲に提供しているが、低い水位とそれにともなうpHや水温の急激な変動、長期間にわたる乾燥が存在しており、決して生き物にとって優しい環境ではない。しかし、この一時的な湿地である水田は多くの生物に利用されていて、その数は軽く5000種を超えている。小さなものではバクテリアから繊毛虫、ミドリムシ、藻類、ワムシやイタチムシ類、ミジンコ類、比較的目につくサイズではコオイムシやガムシ、羽虫、トンボなどの昆虫類、カブトエビ、カイエビ、ホウネンエビなどの大型鰓脚類、大きなものではサギなどの鳥、水田環境に影響を与えるという意味ではヒトも含められるだろう。近年の圃場整備で減ってきてはいるが、フナやナマズの稚魚が見られることもある（図e2-1・2・3・4）。

イタチムシは100㎛前後と非常に小さく、一見大きな生物とは関わりがなさそうに見えるが、水田にすむ生物たちは複雑にからんだ食う食われるの関係（食物網）を作っており、どれか一つのピースが欠ければ、他の種にも必ず影響がおよぶのである。ここではこれら水田の生き物たちをごく一部だけではあるが紹介しよう。

図e1-3
琵琶湖博物館にある粟津貝塚の展示パネル。

図e2-1
水田観察会で採集されたアカハライモリ。

図e2-2 水田観察会で採集されたカエルたち。

図e2-3
水田観察会で採集された水生昆虫。

図e2-4 水田観察会で採集されたヤゴ。

図e1-2 滋賀県大津市の水田。

04

イタチムシの隣人たち

大型の生物たち

遠くから水田を眺めていても見えるサイズの生物といえば、やはり鳥類だろう。ダイサギ、チュウサギ、アマサギなどのサギの類は採集に行けば頻繁に目にする（図f1-1・2）。また、山間部や川の近くではカワセミなども見ることがあるだろう。琵琶湖博物館の水田では近くの風向計にトンビが巣を作り、周辺で狩りをすることもあった。これら鳥類は貝や昆虫、両生類など次に紹介する中型の生き物たちを一般に捕食している。また、畔ではカエルやトカゲを狙ってシマヘビやアオダイショウが現れることもある（図f1-3）。山のほうへ行けばマムシやヤマカガシに出会うこともできるだろう。ヘビ類は意外にも泳ぎが得意であり、浅い水深ではあるが、水面近くをニョロニョロと泳ぐ姿はなかなか見ものである。

先の項で人間もここに含めているが、残念ながら人が水田で何かを捕獲することはあっても直接捕食することはないだろう。しかし、人の活動は水田の餌環境には大きく影響を与えている（図f1-4）。稲を植えること自体もそうであるが、例えば代掻き（しろかき）で田を掘り起こせばミミズや土中の昆虫類が掘り起こされ、それを狙ったムクドリなどの鳥たちが群がるといった具合である。

図f1-1
水田に飛来したアマサギの群。

図f1-2
琵琶湖博物館の風向計に
巣を構えるトンビ。

図f1-3
水田観察会で採集されたシマヘビ。

図f1-4 水田調査中の人間（筆者）。

図f1-5
ギンブナ（琵琶湖博物館
水族展示より）。

図f1-6
ナマズ（琵琶湖博物館
水族展示より）。

最近は圃場整備により用水路からの水棲(すいせい)大型生物の侵入が困難になっているが、かつて水田はフナやナマズの産卵場所として使われていた（図f1-5・6）。これら魚類は成長に合わせて食べるものが随時変化していく。そのため、その時のサイズに応じてミジンコ類や昆虫類、それらに捕食されるものの数が激変するようすが観察でき、水田の生物層が複雑なつながりをもって生活していることを実感できる。滋賀県では琵琶湖にいる魚類の産卵場所としての水田を復活させようということで、排水路側の水位をあげ、フナやナマズが侵入できるようにした「※魚のゆりかご水田」というプロジェクトが行われている。

中型の生き物たち

水田の植物

水田の表面をおおう浮き草たちはある日急に現れて、数日のうちに水面をおおいつくしてしまう（図f2-1）。水田でよく見られる浮き草はアゾラと青浮き草であり、どちらも旺盛な繁殖力を持っている。水田の栄養を消費するため、嫌がる農家もいる一方で、水田の水温調整や水面をおおいつくすことで新たな雑草が生えるのを防ぐといった効果を期待して歓迎する農家もいる。水田の生物たちには足場や日陰を提供したり、細い根の隙間という隠れ家を提供したりするなど動物たちにはすみよい環境を提供している。対して植物には、タイミングさえ合えば水田雑草として知られるコナギやオモダカの成長を抑えるように、栄養や太陽光の遮断によ

※魚のゆりかご水田…魚が水田と水路を行き来できる環境を作り、かつての水田生物と人が共生していた環境の再生を目指すプロジェクト。

る生存競争が行われる。コナギやオモダカ同様に浮き草類も根絶が非常に困難な生き物であり、歓迎していない農家にとっては頭痛の種であろう。

畦や水田内には数多くの草本(そうほん)が生えている。特に浮き草の項でも紹介したコナギは青紫の、オモダカは白色の非常にきれいな花をつける。コナギのハート型の葉とオモダカのY字の葉は非常に特徴的で生えていればすぐにわかるだろう（図f2-2・3）。そんなコナギは耐久性の高い種が、オモダカは球根が原因で根絶が非常に難しく水田雑草として知られて嫌がられている。畦には多くのイネ科植物が生える他にイグサ類やカヤツリグサ類が見られる。

一般に、まっすぐに伸びた茎の途中に花が咲くのがイグサ類で、先端に咲くのがカヤツリグサ類であるが、断面が三角形をしているサンカクイはカヤツリグサ類でありながら、花が茎の途中に咲くという変わり種である。この類の植物は、最後に「イ」がつくので、フトイやシカクイなど形容詞のような名前になっていることが多いのもおもしろいところである。

水田の昆虫

カメムシ類は水田でよく見られる昆虫である（図f2-4・5）。かつて琵琶湖博物館での水田研究会でカメムシの発表があった時、聞きに来ていた農家の方が対策を質問していたほどに害虫扱いされている。しかし、害虫なのは植物食性のカメムシの場合である。もちろん水田には稲があり、畦にも植物が生えるので、植物の汁を吸うタイプのカメムシは多くいる。だが、水田で見られるカメムシ類はそれに限らない。捕食者として知られるコオイムシやタイコウチ、

図f2-1 水田の表面をおおうアオウキクサ。

図f2-2 水田の中に生えるコナギ。種子の耐久性が非常に高い。

図f2-3 水田で花を咲かせるオモダカ。球根を作り冬越しを行う。

図f2-4 卵を背負ったコオイムシ。卵を背負うのはオスの役目である。

図f2-5 餌を待ち構えるタイコウチ。

ミズカマキリ、最近ではめっきり見なくなったタガメもれっきとしたカメムシ類である。

農薬を使用してこれら肉食性のカメムシまで排除した結果、ボウフラやアカムシを捕食するものが消え、蚊やユスリカが大量発生という事例もあったりする。なかなかバランスの難しい問題である。

肉食性の水生昆虫といえばゲンゴロウははずせないだろう（図f2-6）。いわゆるゲンゴロウは、残念ながら滋賀では絶滅というあつかいになってしまったが、山間部の水田ではシマゲンゴロウをはじめとしたゲンゴロウ類がまだまだ見られる。よく似た昆虫としてガムシがいる（図f2-7）。しかし、ゲンゴロウが幼虫、成虫ともに肉食であるのに対して、ガムシは幼虫では肉食だが、成虫は主に藻類食となる（図f2-8）。また分類群的にもゲンゴロウがオサムシ亜目であるのに対してガムシはカブトムシ亜目となっている。一般的にはガムシの腹側にある牙のような突起で見分けるのが早いが、背腹ともに流線型で、毛の多い足を持ち、スムーズに泳ぐのがゲンゴロウで、腹側が平らで背側が流線型、棘の多い足をして泳ぎがさほどうまくないのがガムシである。

畔の生き物

畔にはクモ類やゴミムシ類、ハムシ類がよく見つかる。

クモ類の生活様式もさまざまであり、地面を歩くもの、稲や畔の雑草に巣を張るものなどがおり、場合によってはアメンボのごとく水面を走り回るものも観察できる。時期によってはコ

図f2-6

水田観察会で採集された
シマゲンゴロウ。

図f2-7

水田観察会で採集されたガムシの仲間（下）
とシャープゲンゴロウモドキ（上）。

図f2-8

ニゴロブナの稚魚を捕食する
コガムシの幼虫。

図f2-9

アメンボを捕食するキクヅキコモリグモ。
腹部には無数の子グモが乗っている。
子守をするのはメスの役目である。

図f2-10

畔を歩くゴミムシの仲間。

図f2-11

水田近くのコンクリートをはう
オオルリオサムシの幼虫。

図f2-12

畔の植物の葉に乗る
ハムシの仲間。

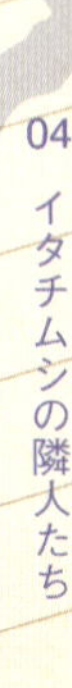

モリグモの求愛ダンスの現場に出くわしたり、背中に卵や子供を背負っている姿に会えたりすることもあるだろう（図f2－9）。

ゴミムシというと少々聞こえが悪いが、要はオサムシの仲間である。縦に溝の入った艶やかな羽は黒くなかなか美しい（図f2－10・11）。特に艶のよいものやカラフルなものは採取したくなるが、そういうゴミムシに限って尾部から化学物質を噴射するような種もいるため、うかつに触らないほうがよいだろう。昆虫類やクモ類でド派手な格好をしているものは自身の危険を知らせる警戒色と思っておいたほうが無難である。

羽の美しさでは負けていないのがハムシ類である。丸々としたものからほっそりとしたものまでさまざまな形態をしているが、往々にしてその外骨格はメタリックな色艶をしている（図f2－12）。また、イネクビボソハムシの幼虫は「泥負虫（どろおいむし）」と呼ばれ、背中に糞を背負うという不思議な生活形態をしている。とはいえ稲にとっては葉を食べる害虫であるので、もし稲の葉に動く泥塊のようなものが複数ついていたら農家の方に知らせてあげたほうがよいかもしれない。

「稲の子」イナゴ

農薬が普及し、あまり大発生することもなくなったが、水田で昆虫といえばイナゴははずせないだろう（図f2－13）。バッタ類という点では畦で見られるトノサマバッタやショウリョウバッタ、オンブバッタ（図f2－14）もいるが、「稲の子」の名をもらったこのバッタと水田の関わりは非常に深く、害虫として駆除される一方で、貴重なタンパク源としての利用もされてきた昆虫である。串焼きや炒（いた）めるといった食べ方もあるが、有名なのは岐阜県で作られるイナゴの佃煮（つくだに）だろう。パリッとした殻とエビのような味わいは比較的グロテスクな見た目からは想像しがたいおいしさである。バッタ類が引き起こす災害として大発生したバッタ類が稲を含むあらゆる草本を食べつくしながら大移動を行う蝗害（こうがい）があり、イナゴを示す「蝗」の字が当てられている。しかし、実は蝗害を起こすのはトノサマバッタやトビバッタの類でイナゴ類が引き起こすことはない。とんだ風評被害である。

水田のトンボ

トンボ類は水田周辺でもよく飛び交っているのが見られる昆虫である（図f2-15・16）。とくに滋賀は非常にトンボの多様性が高く、2014年には県内で100種目が発見されたことを記念して、琵琶湖博物館で「近江はトンボの宝庫」というトピック展示が行われたほどである（図f2-17・18）。水田ではイトトンボの類やアキアカネなどがよく見られ、多い年では稲の1株に複数のヤゴの脱皮殻が見られるほどであった。この時には脱皮に失敗したトンボも多く見られ、昆虫における変態の難しさも垣間見ることができた（図f2-19）。

水田のミミズ

水田の土の中や土の表面には多くのミミズ類が生活している（図f2-20）。ミミズ類のサイズは多岐にわたり、大型のものから小型のものまで幅広くいるが、この項で紹介することにし

図f2-19
脱皮に失敗したアキアカネ。

図f2-15 葉にとまるシオカラトンボのメス。白色になるのはオスのみである。

図f2-13 収穫後の稲株にとまるイナゴの仲間。

図f2-16 稲にとまるイトトンボの仲間

図f2-14 畔を跳ねるオンブバッタ。

図f2-18 琵琶湖博物館のアトリウムに鎮座する実物の40倍サイズのメガネサナエの模型。

図f2-17 滋賀県内100種目のトンボ発見を記念して行われたトピック展示「近江はトンボの宝庫」。

よう。小さなものでは透明なミズミミズや体内に赤い油滴を持ったアブラミミズ（図f２-21）が、中型にはいわゆる普通のミミズが、大型のものにはハッタミミズと呼ばれる大きければ90cm近くになるものもいる（図f２-22・23）。ハッタミミズは日本最長のミミズであり、石川県や福井県、滋賀県の水田周辺からのみ発見されている。琵琶湖博物館では産地である福井県や石川県と協力して、このハッタミミズの長さや糞塊の大きさを競う「ハッタミミズダービー」が何度か開催されており、現時点の最長記録はなんと96cmである。

中型、大型のミミズは水田中の底質を食べているが、小型のものは変わった食性のものも見られ、例えばツリガネムシしか食べないものや、体に生えた剛毛で水中のプランクトンを引っ掛けて食べるものもいる。多くの種は土中を耕し、糞によって栄養を供給してくれるため、その存在は非常にありがたがられている。

水田の両生類

水田の調査ではしばしばカエルの大合唱に会うことがある（図f２-24・25）。アマガエル、ツチガエル、トノサマガエル、ダルマガエル、カエルだけでなく、山奥のほうでは水田に張り出した枝にモリアオガエルの卵が見られることも多々ある（図f２-26）。この時の鳴き声でどの種か、何を目的としているのかなどいろいろ判断できるそうなので、調べてみるのもおもしろいだろう。

子供のオタマジャクシは、水田においては非常に多く見られる生き物である。中型から大型

図f2-20
畔にはい出してきたミミズの仲間

図f2-23

92㎝のハッタミミズ。現時点の最長記録は96㎝である（写真提供　大塚泰介）。

図f2-21

水田の底から採集されたアブラミミズの仲間。体内の油滴が赤く見えている。

図f2-22

2015年に開かれた全国ハッタミミズダービーのチラシ。ぜひ近くの水田を探してみよう（写真提供　大塚泰介）。

図f2-24

水田観察会で採集されたモリアオガエル。シュレーゲルアオガエルと比べて目の虹彩がやや赤みがかっている。

図f2-25

水田からのぞくナゴヤダルマガエル。個体差はあるが、背中線の有無や斑紋でトノサマガエルと見分ける。

図f2-26

用水路付近の草についたモリアオガエルの卵塊。

図f2-27

オタマジャクシの落下地点付近に待ち構えるアカハライモリたち。

の生物の餌になることも多く、水田の比較的大きな生き物の生存を支える生き物であるといってもよいだろう。京都の山奥の水田ではモリアオガエルの孵化（ふか）したてのオタマジャクシを狙って数十匹のアカハライモリが水面で待ち構えるなどという光景も見られる（図f2-27）。

さらに滋賀の水田では6月末から7月頭に中干しを行う。そのため、オタマジャクシたちはカエルになるのが先か干上がるのが先か、天敵以外にも過酷な生存競争をしいられているのである。また、近年の圃場整備による用水路排水路の整備で吸盤を持たない類のカエルは水田間の移動を制限され、分布が減っているという話もある。世の中はなかなかカエルたちには優しくないようである。

水田のエビ類

ここまでに挙げた中型生物は水田以外でもよく見られるが、水田でしかほぼ見られない生き物として水田のエビ類がいる。ここでいうエビ類とはヌマエビやスジエビなどの軟甲（エビ）綱のエビではなく、鰓脚（さいきゃく）綱に属する生き物のうち、比較的大型の生き物、ホウネンエビ、カブトエビ、カイエビのことである。水田に水が入って程なくして現れるこの生物たちは当然水中でしか生きられないし、水田外へ歩きや飛行によって逃げることもできない。中干しまでの期間に素早く成長し、乾燥に耐える耐久卵を産み、短い一生を終えるのである。

それぞれ特徴的な形をしているが、水面を仰向きになって泳いでいるのが「ホウネンエビ」であり、鰓（えら）についた緑藻のせいで鰓が緑色に見えることがよくある（図f2-28）。腹部に卵塊を持つので、雌雄の判別は比較的楽だが、ない場合、頭部に長い触角状の器官を持っているほうがオスである。名の由来は豊年蝦であり、これがよく出る年は豊作になるといわれているが、残念ながら科学的な裏づけはない。ただ、ホウネンエビを含めた水田の大型鰓脚類は冬季の水田の状態によって翌年の孵化率が大きく変化する。環境変動に対して敏感に反応することを考えるとあながちただの迷信とはいい切れないかもしれない。

オタマジャクシのような形をしているのが「カブトエビ」である。英名も「Tadpole shrimp（オ

図f2-28

水田の水面近くを泳ぐホウネンエビ。光に腹を向ける習性があるためか、鰓脚に藻類がついて緑色になることが多い。

図f2-29

水田の底でじっとしているカブトエビの仲間。気温が低い間は潜ってしまうためさらに見つけづらい。

図f2-30

水田から採集されたタマカイエビ。泳いでは止まるを繰り返しながら移動する。

タマジャクシエビ)」で、濁った水田の中ではなかなか見分けにくい(図f2-29)。名前と形のよく似ているカブトガニはクモと同じ鋏角亜門であり、甲殻亜門鰓脚綱のカブトエビとは他人の空似である。このカブトエビのいる水田は水が濁っていることが多いが、それはカブトエビ自身が脚を動かすことで水底の泥を巻き上げているからである。この巻き上げにより雑草の種や芽が浮き上がり、カブトエビ自身がそれを食べてしまったり、水が濁ることで光合成が阻害され、雑草の成長が止まることが期待されたり、雑食であるため巻き上げたボウフラなどの害虫を食べ、駆除も行ってくれたりといろいろな効果が期待されている。積極的に水入れの際に耐久卵をまくこともあり、地域によっては無農薬農法の一つとしてカブトエビを利用した農法も存在している。

二枚貝のような貝殻にエビが挟まったような形態をしているのが「カイエビ」であり、大型のカイミジンコのような外見をしている(図f2-30)。しかし、カイミジンコは顎脚綱であり、これも他人の空似である。体のつくりとしてはミジンコの胴体の甲羅が頭までおおっている感じであり、実際幼生時代はミジンコに近い形をしている。ホウネンエビ、カブトエビ同様に水田では比較的よく見られるのだが、なぜかこのグループだけは農業に関わる謂れをとんと聞かない。

これら水田の大型鰓脚類は耐久卵の生存に冬場の水田の状況が大きく影響しているといわれており、冬場の環境が変わってしまったりすると途端にいなくなることがある。

小型の生き物たち

顕微鏡ですら見づらいほど小さなものから、肉眼でもなんとか見えるものまで、小型の生物といっても意外とその幅は広い。そして水田の生物相としては、もっとも多様なグループである。特に何かしらの生き物の餌となることが多い生き物たちであるが、この幅広いサイズと種類がさまざまな生物の食のニーズを満たし、水田の多様な生態系を支えているといっても過言ではないだろう。

図f3-1 休耕水田で栽培される大豆。

図f3-2 大豆の根にできた根瘤。この中に窒素固定細菌がすんでいる。

水田の生産者

バクテリア類はまったくもって目に見えないが、水田の根底を支える存在である。代表格は空気中の窒素を植物が利用できる有機化合物にする窒素固定細菌である。連続した長期農耕は土地の栄養素を枯渇（こかつ）させ、収穫量を下げてしまうのだが、定期的にこのバクテリアによって窒素を供給してやることで、水田を健康な状態に保っているのである。水田の休耕期に大豆などの豆類が植わっている光景が見られる理由は、この豆類の根に根粒（こんりゅう）と呼ばれるコブを作ってすみ着く根粒菌こそが窒素固定細菌の代表格であるためである（図ｆ３−１・２）。

　このように大型植物が利用できない無機物を利用できる形に変換する生物としては他に珪藻類がいる（図ｆ３−３）。硬いガラス質の殻を持った単細胞の藻類であるが、このガラスケースの原料がケイ酸であり、無機ケイ素をケイ酸の形に変換してくれているのだ。

　ガラスケースに入った植物と聞くと、動けそうなイメージがないが、実際に観察してみるとヌルヌルとシャーレの底を滑るようにはうようすが観察できる。この原理には諸説あるが、最近ではケースに開いた穴から粘液を分泌し、そこへ多糖の鎖を引っ掛けて滑走していると考えられている。種によっては底面ではなく、群体としてつながってい

図f3-3
水田から採集された
ハネケイソウの仲間
(*Pinnularia parvulissima*)
（大塚泰介　提供）。

図f3-4
同定のために殻だけにした
ハネケイソウの仲間
(*Pinnularia parvulissima*)
（大塚泰介　提供）。

る同種個体との間で滑ることで南京玉簾（なんきんたますだれ）のごとくスルスルと伸び縮みしながら移動するものもいる。

いずれにしろ、この珪酸の殻の表面には移動運動のための穴や溝があり、それが種分類の重要な指標となっている。特に同定するためには濃硫酸などの薬品で中の細胞を焼き、殻だけを見るという生物標本らしからぬ標本作りをするのだが、この殻がきれいに並んでいると、さながらステンドグラスのようである（図f3-4）。細胞が入っている殻は弁当箱のような構造になっており細胞分裂して増殖するたびに各細胞が蓋（ふた）と底をそれぞれ受け取り、内側に新たな殻を作ることで殻を維持している。内側に新たな殻を作るという維持方法の都合、「底」側を受け取った珪藻は殻がどんどんと小さくなっていってしまう。そこで珪藻はある程度殻が小さくなったところで、その殻を脱ぎ捨て新たに大きな殻を作るのである。こうして脱ぎ捨てられた殻や死んだ珪藻の殻は徐々に水田の水に溶け込み、珪酸分を水田へ供給するのである。

赤くてもミドリムシ

中干し前の暑い時期、6月にもなると水田が突如として赤く染まることがある。この赤くなった水田にビニール袋を漬けてみると、ビニー

赤色色素を作り半分赤くなったミドリムシの仲間（*Euglena* sp.）。
図f3-5

図f3-6
本来の色のミドリムシの仲間（*Euglena* sp.）。

ルの表面に小さな赤い粒が無数に着くのが観察できる。この赤みを作っている原因はなんとミドリムシである（図f3-5）。

とんだ名前詐欺のように聞こえるが、本来水田で見られるミドリムシのほとんどは葉緑体の緑が目立ち、赤いところは眼点のみである（図f3-6）。しかし、夏場の暑い水田では少々事情が異なる。水深が浅く、日陰の少ない水田環境ではミドリムシたちは強い光を直接受けることになる。大量の光を受け取れる環境は一見光合成に有利に見えるが、光阻害という現象があり、強すぎる光は光合成回路を阻害してしまったり、光合成色素のクロロフィルを分解してしまったりするのである。そこでミドリムシは赤色の色素を作り出し、葉緑体を保護するのである。この赤い色素は光の加減で簡単に増減できるようで、水田で採集した真っ赤なミドリムシも数日研究室で飼えば徐々に緑色に変わっていくさまを観察できるだろう。上半分が緑で下半分が赤いミドリムシというカラフルな個体も水田ならば比較的簡単に見つけることができる。また、ごく一部であるが、赤い殻を持った本当に赤いミドリムシも存在している。

水中の藻類

水中の食物網を支える重要な役割を持っているのが緑藻をはじめとし

図f3-8

ミカヅキモの仲間（*Closterium* sp.）。種によっては中央で葉緑体が分かれていなかったり、三日月型でなかったりする。

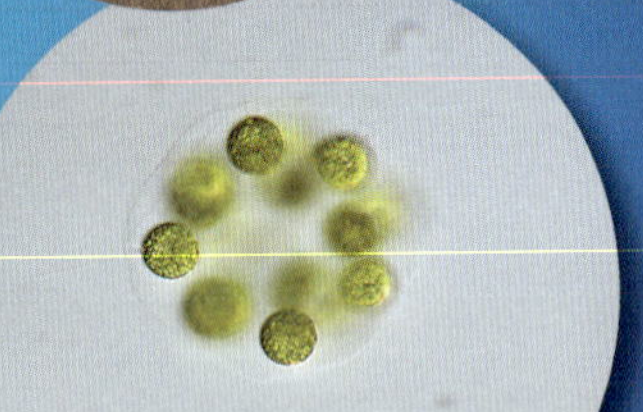

図f3-7

タマヒゲマワリの仲間（*Eudorina* sp.）。ボルボックスと同じく群体性の植物プランクトンである。

た藻類である。タマヒゲマワリやツヅミモ、ミカヅキモなどの小型の緑藻は、他の生物の餌としても重要である（図f3-7・8）。

ミドロが作り出す狭い空間は小型から中型の生物に隠れ家を与えている。その一方で藻類が光合成によって作り出す酸素の気泡が水底をおおう除草剤を持ち上げてしまったり、繁茂したアオミドロやアミミドロといったミドロ類（図f3-9）が水面をおおって水温を下げてしまったりと、農家からは必ずしも歓迎はされていないようである。

水田のプラナリア

扁形動物は水中や陸上でも見られる生き物である。再生実験でよく使われるプラナリア（ナミウズムシ・*Dugesia japonica*）が有名であるが、この種はきれいな河川の岩の裏などにすんでおり、水田では偶然まぎれ込んだ個体でもなければ、まずお目にかかれない。その代わり水田の水中には1㎜にも満たない小型の扁形動物たちが自由気ままに泳ぎ回っている（図f3-10）。縦に2匹連なったように見える分裂中のヒメウズムシや紡錘形の体につぶらな目を持った種など実にかわいらしい形のものが多いのであるが、大きな口や毒のある吻（ふん）を持つ種も多くおり、見た目の割に獰猛な捕食者である。細切れになっても再生できるナミウズムシ

図f3-10

水田で見られる小型の扁形動物。体内に食べたものの粒が透けて見えている。

図f3-9

アオミドロの仲間（*Spirogyra* sp.）。規則正しく巻いた螺旋形の葉緑体が特徴である。

ほどの再生能力を持った種は少ないが、半分になっても平然と再生して生き続ける程度の再生能力はほとんどの種が持っている。

水田のミジンコ類

ミジンコ類は非常によく見られる生き物であり、小型から中型のさまざまな肉食の生き物が餌として利用している存在でもある（図f3-11）。

小型のゾウミジンコ（図f3-12）、中型のタマミジンコ（図f3-13）、大型のオナガミジンコ（図f3-14）、水面にはアオムキミジンコ（図f3-15）、水中にはタマミジンコ（図f3-13）、水底にはケブカミジンコ（図f3-16）というようにサイズも生息場所も多岐にわたり、実に多くのニーズを満たしてくれている。ヒヨコを彷彿（ほうふつ）とさせる愛らしい身体の背中部分には卵を抱えており、イタチムシ同様に基本的には受精を必要とせずメスのみで繁殖する（単為生殖）。ではオスがいないのかといわれるとそうではなく、環境変動によってオスが出現し、有性生殖により耐久卵を作る種が多くいる。種によってはオスの出現によりメスが活性化するということが確認されているそうで、さながらアイドルのような存在である。

水田では水温やpHの変動に日々さらされているせいか、比較的頻繁にオスのミジンコを観察することができる。専門的な図鑑でないとなかなかオスの写真は載っていないのだが、第一触覚が大きく伸び、クワガタムシの顎（あご）のようになっているものが多い（図f3-17）。

ミジンコの由来は「微塵子」であり、水中にいるごく小さな生き物を指す言葉だったことがうかがえる。それゆえ「ミジンコ」の名を持つ生き物はちょくちょくおり、ケンミジンコ、ソコミジンコ、カイミジンコなどがあげられる。しかし、いわゆる「ミジンコ」は鰓脚綱で前述のカブトエビやホウネンエビ、カイエビと近く、「ケンミジンコ」と「ソコミジンコ」顎脚綱の橈脚(かいあし)亜綱、「カイミジンコ」は同じく顎脚綱の貝虫亜綱に属している。

胴体と尻尾の間にくびれがあるのがケンミジンコで、主に浮遊生活をしている（図f3-18）。中型以上の生物の餌として使われることがある一方で、肉食の獰猛(どうもう)なものもおり、野外から採った餌で繊毛虫や小型の生物を飼う際には餌といっしょにまぎれ込まないように少々気をつけたほうがいい生物でもある。対するソコミジンコは胴体と尻尾の間にくびれのない寸胴(ずんどう)をしており、比較的簡単に見分けられる（図f3-19）。また、その名の示すとおり、水底を生活の場所とした底棲の生き物である。ソコミジンコは基本的に草食である。ケンミジンコとソコミジンコのもっとも簡単な見分け方は触角と卵塊の組み合わせである。胴体を超すほど長さの触角をもっていればヒゲナガケンミジンコ、それほど長くなく、胴体と尾の境目から2房の卵塊があるのがケンミジンコ、非常に短い触角と、尾の下に1房の卵塊があるのがソコミジンコである。

カイミジンコは二枚貝のような殻を持っており見た目は小さくなったカイエビのようであるが、前述のとおり別の分類群である（図f3-20）。一般には腐食性といわれ、水田でも死んだオタマジャクシなどに群がっているようすがよく見られる。しかし、実際のところ、屍体(したい)どころか弱った生き物であれば自分の何倍もあるものだろうと襲う獰猛なハンターでもある。そんなカイミジンコであるが、何より驚くべきはその殻の強靭(きょうじん)さである。太い貝柱のような筋肉で

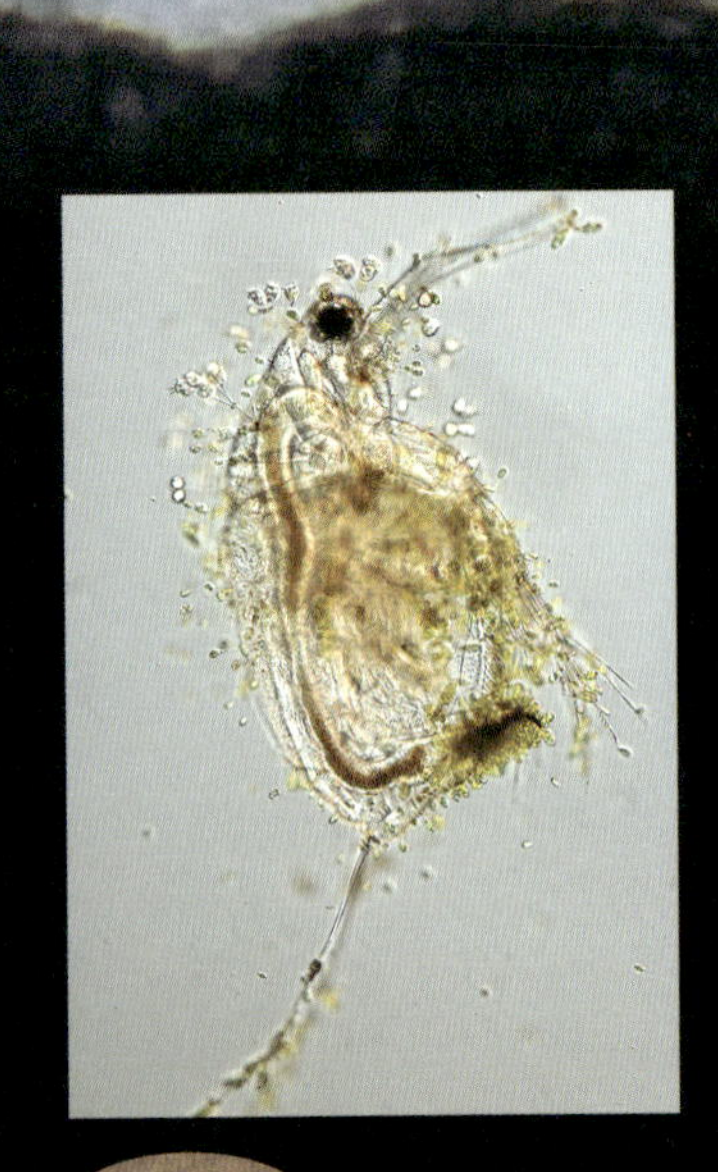

図f3-17

タマミジンコのオス個体。メスと比べて第一触角が発達する。この個体は全身にミドリムシや緑藻類が付着している。

図f3-18

ケンミジンコの仲間（*Eucyclops* sp.）。ヤマトヒゲナガケンミジンコ（*Eodiaptoumu japonicus*）などでは卵塊が一つになる

図f3-19

ソコミジンコの仲間。基本的に草食であり、雑食であるケンミジンコとは食性も異なる。

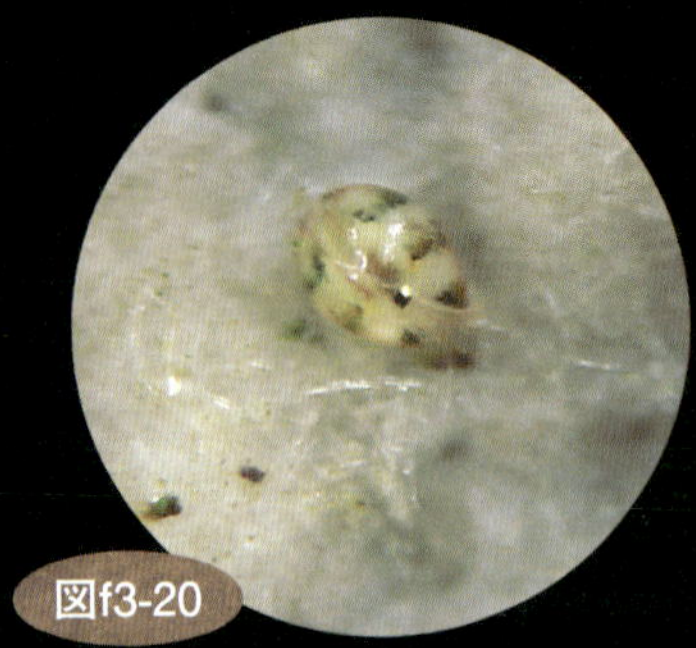

図f3-20

淡水海綿に埋もれたカイミジンコの仲間（*Cypridopsis* sp.）。この縞模様のカイミジンコは非常に広い分布域を持っており、系統地理解析で使われることもある。

図f3-11 ニゴロブナの稚魚の腸に詰まったゾウミジンコ（*Bosmina longirostris*）。

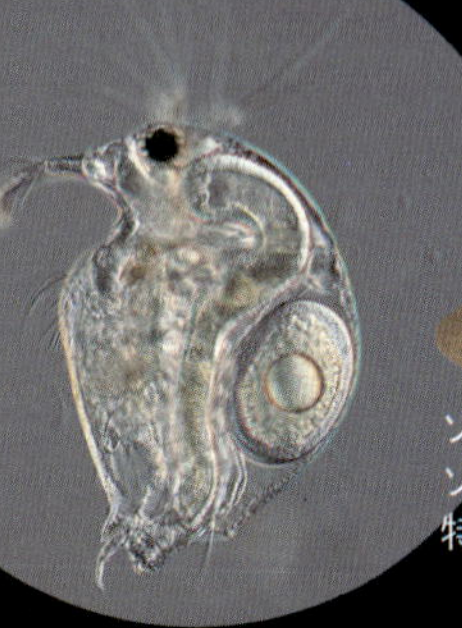

図f3-12

ゾウミジンコ（*Bosmina longirostris*）。ゾウの鼻のように伸びた第一触角が特徴である。

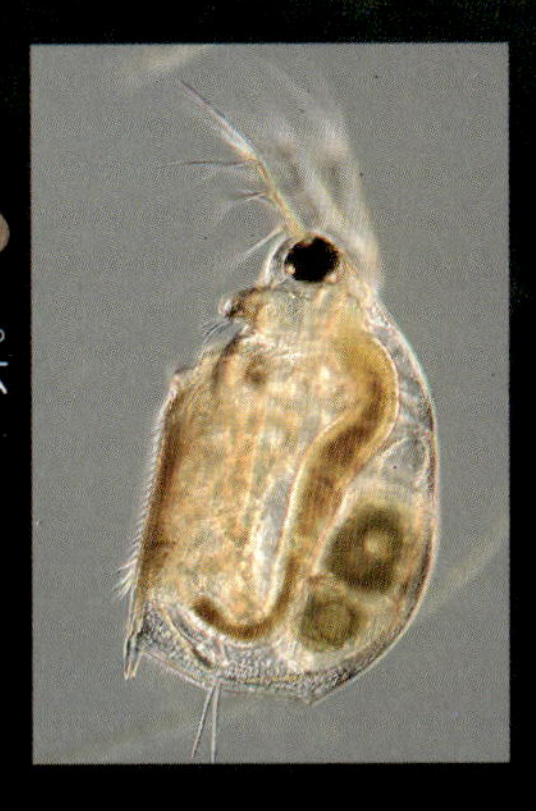

図f3-13

タマミジンコの仲間（*Moina* sp.）。魚の稚魚から水生昆虫まで幅広い生き物が餌としている。

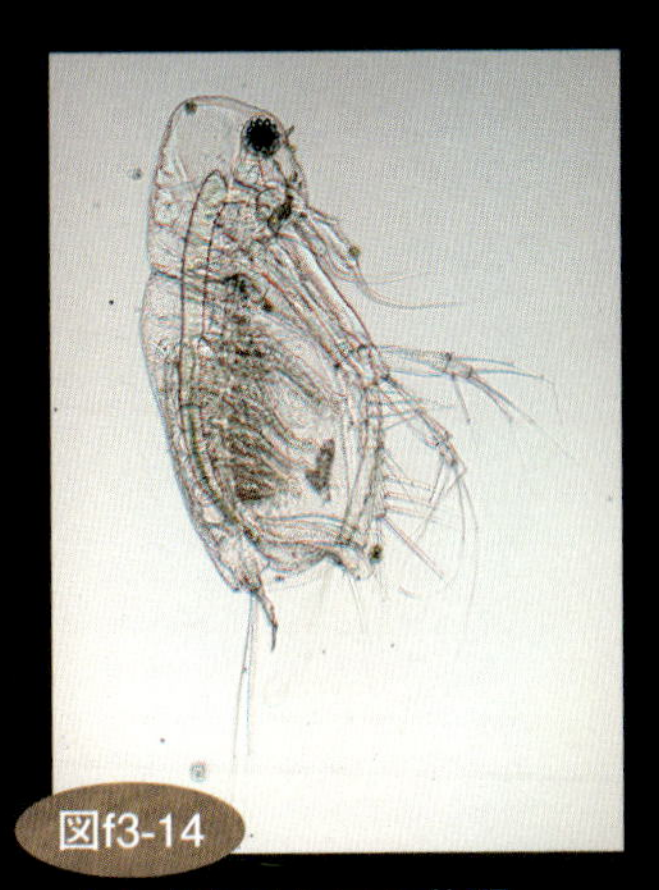

図f3-14

オナガミジンコの仲間（*Diaphanosoma* sp.）。長い尾とやや縦長に伸びた頭部が特徴である。

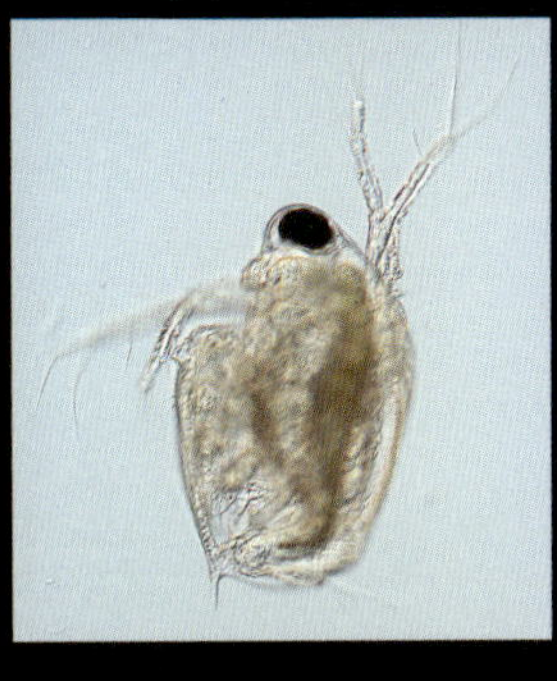

図f3-15

アオムキミジンコの仲間（*Scapholeberis* sp.）。水面を仰向きで泳ぐために、腹側の縁がまっすぐになっているのが特徴である。

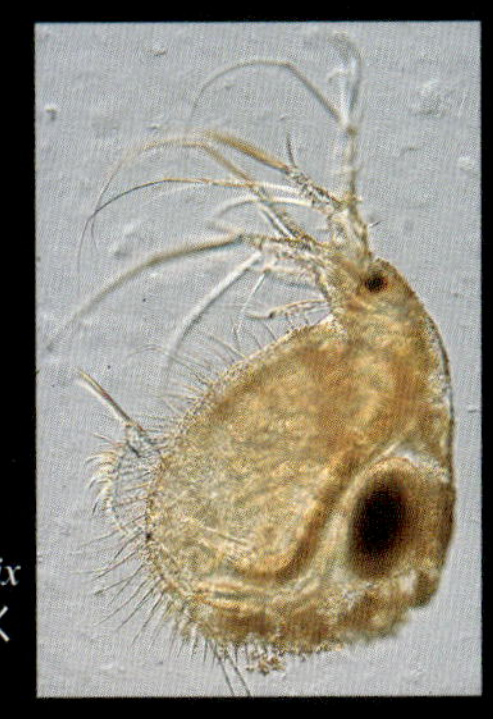

図f3-16

ケブカミジンコの仲間（*Macrothrix* sp.）。第二触角や甲羅の縁に多くの毛や棘を持つのが特徴である。

開閉される殻は左右がきっちり噛み合うように凹凸が縁に作られている。完全に閉じていれば何かに食べられても消化されずに糞といっしょに排泄されて逃げ出すなどということを平然とやってのけることができるのだ。実際魚の糞にまぎれていたり、ミミズ類の消化管の中で排泄(はいせつ)を待ったりするようすが観察できる。そしてこの密閉性能は標本作りの際に使われるホルマリンさえ通さず、浸透させるための装置が必要になるなど研究者すら手玉に取っている生き物なのである。

水田の原生生物

ゾウリムシに代表される繊毛虫類は、水中の小さな生き物としては代表格だろう。体長数㎛のものから数百㎛のものまでおり、生物として必要なものをすべて一つの細胞に詰め込んだこの生き物のサイズ、形状は多岐にわたる（図ｆ３-21）。そして種によってはイタチムシそっくりのものまでいる（図ｆ３-22）。単細胞の繊毛虫と多細胞のイタチムシを見間違うことなどないだろうと思うかもしれないが、種によっては形状が似ている上にどちらも繊毛で移動するため、動きが似てくるのである。そしてクネクネと身体をよじるさまは実にイタチムシ風である。とはいえしっかり見れば見分け方は簡単である。

イタチムシの尾は２本だが、イタチムシに似た繊毛虫で二股になった尾を持つものはいない。そして何より障害物にぶつかった時にイタチムシは乗り越えるか横に曲がるかするが、繊毛虫はそのままバックするのである。

毛で泳ぐ単細胞の生き物としては他に鞭毛虫(べんもうちゅう)がいるが、こちらは長い鞭毛を巧みに動かして推

図f3-21

水田から採集された繊毛虫の仲間。食べたものによって細胞全体が黒くなっている。

図f3-22

水田から採集された下毛類の繊毛虫（*Uroleptus* sp.）。細い尻尾と滑らかな動きは実体顕微鏡下ではイタチムシと見間違えやすい。

図f3-23

強光対策に赤色色素を作ったミドリムシ（*Euglena* sp.）。しばらく弱光下で飼育することで緑色に戻る。

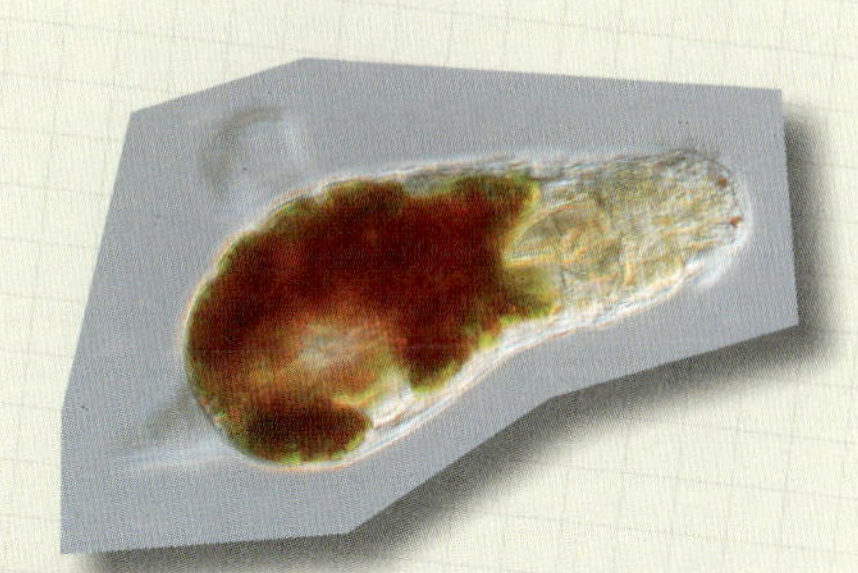

図f3-24

コガタワムシ（*Notommatidae*）の仲間。食べたもので腹が赤くなっている。活発に水底をはい回る姿がよく観察できる。

図f3-25

群体性で付着性のワムシの仲間。集まることでより大きな水流を作ることができる。

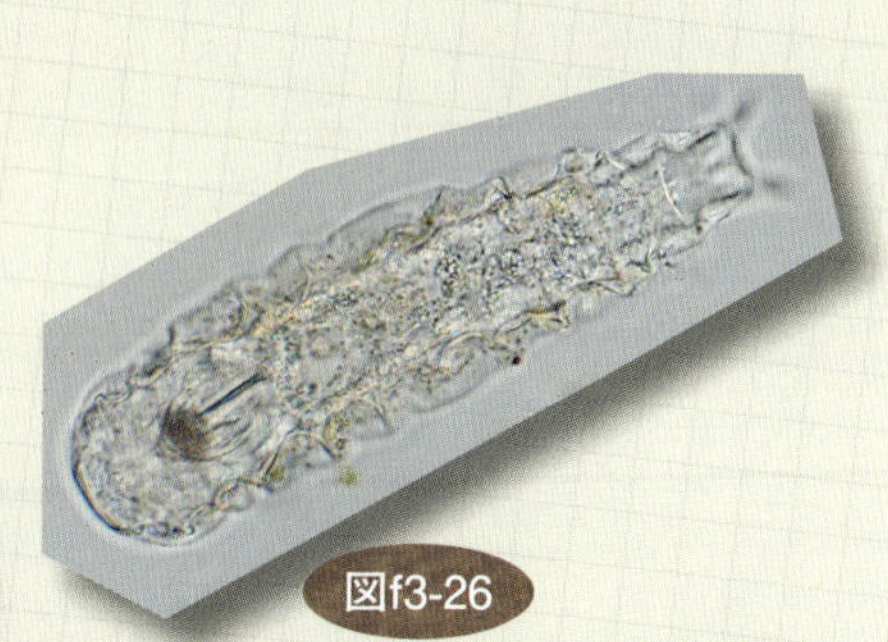

図f3-26

イタチムシによく似たワムシの仲間。一見イタチムシのようだが、頭のほうをよく見ると顎があることがわかる。

進力にしている。藻類にも鞭毛藻（べんもうも）がおり、前述のミドリムシ類や褐色をした渦鞭毛藻類が含まれ、とくに夏場の暑い時期に池の水が茶色く濁る原因がこの渦鞭毛藻のしわざである（図f3-23）。

水田のワムシ類

筆者がイタチムシの紹介をする時にはよく「世界最小クラスの多細胞動物」というあおり文句を入れている。実際イタチムシは多細胞動物としては非常に小さいのだが、「最小クラス」と濁しているのはほぼ同じサイズのグループがいるからである。それがワムシ類だ（図f3-24）。

淡水では非常によく見られる生き物であり、頭部にある特徴的な輪状に並んだ繊毛（繊毛冠）が名前の由来である。この繊毛を動かすことで作られた水流は、餌を集めたり、移動時の推進力として使われたり実に便利に利用されている。

水中を泳ぐものもいれば、棲管（せいかん）を作って水草や底質に付着するもの、水底をはうものもおり、生活様式、種類ともにさまざまなワムシが水田でも観察できる（図f3-25）。

イタチムシと同サイズ帯にいる生物であるが、大抵のワムシ類はその特徴的な繊毛冠からイタチムシと見分けることは簡単である。問題は一部の繊毛冠の目立たないグループである（図f3-26）。高倍率の使える生物顕微鏡であればたやすく見分けられるが、実体顕微鏡下ではなかなか難しい。しいてコツを挙げるのならば「顎（あご）」の有無である。ワムシ類には繊毛冠で集めた食物を嚙み砕くためのキチン質の顎が体内にあり、それが動くようすが透けて見えている。一方で吸い込んでそのまま消化するタイプのイタチムシには硬い顎はない。実体顕微鏡下ではほとんど区別がつかない種もおり、イタチムシ類を探す時の天敵と呼べる生き物である。

水田の生き物たちの乾期対策

水田は5000種を超える多様な生物が集まる場所である一方で、あくまで一時的な水場であり、多くの水田では一年のどこかで完全に乾燥する時期がある。水田で見られる多くの生き物は水場としての水田を求めて集まっているため、この乾燥する時期を何とかして乗り越える必要がある（図f4－1）。

水田外へ逃げる（図f4－2）

要は乾燥によりすむ場所として、または餌場として適さなくなったので別の場所へ移動するわけである。主に中型から大型の移動力のある生き物が使う手段であり、飛行や歩行によって別の水場へと移動していく。さらにタイミングこそ限られるが、魚類などは中干し

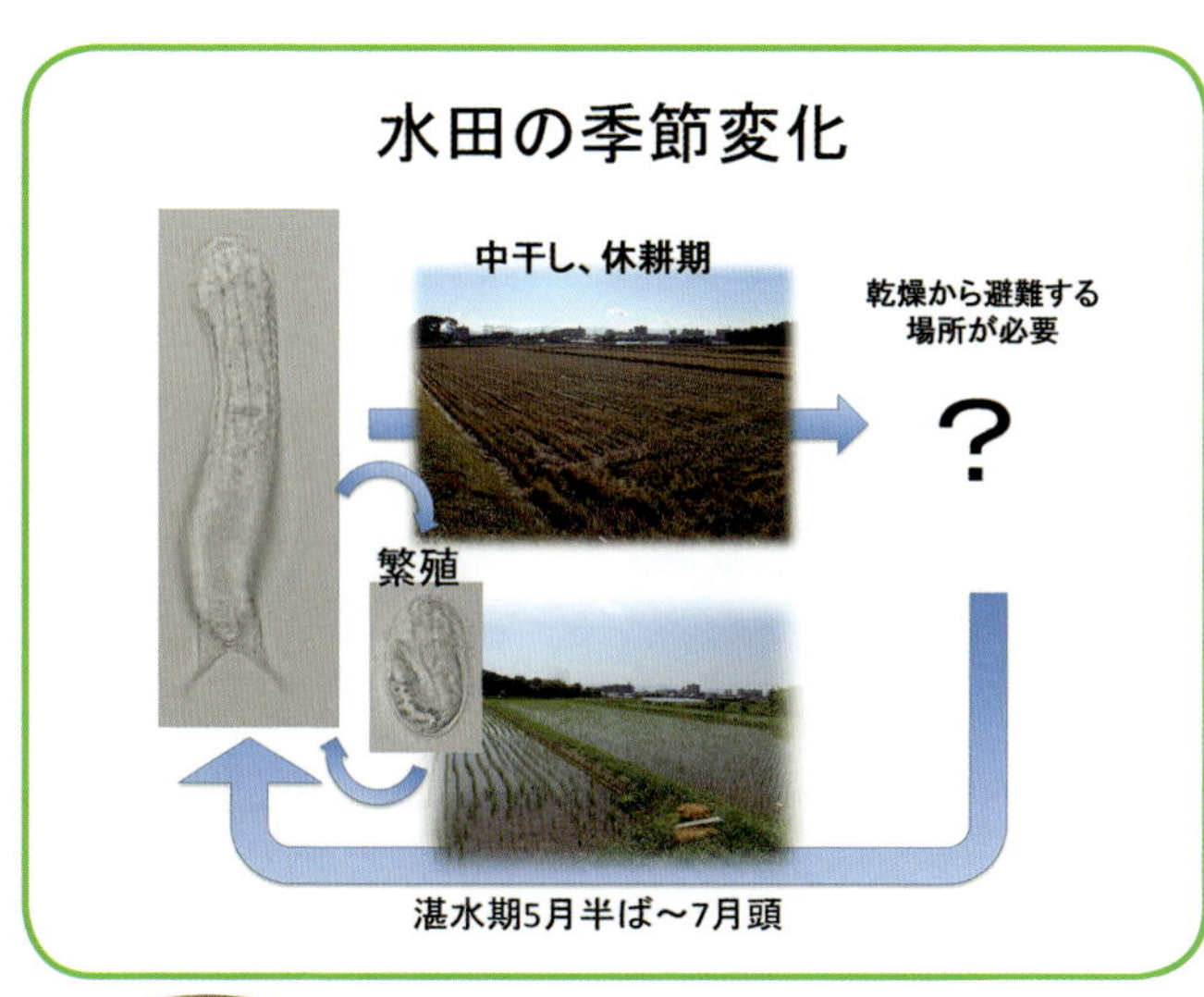

図f4-1 水田のサイクルの模式図。定期的に乾燥期のある水田では、そこをどう乗り切るかが大きな課題となる。

時に水田から排水される水の流れに乗って排水路へと逃げ出していく。この方法をとる生き物たちはそもそも入り込む際にも水が入ったのちに外からやってくる生き物たちである。

水田の中へ逃げる（図f4-3）

中干しでは表面がひび割れするまで乾かすため、表面に残った生き物は完全に干からびてしまう。しかし、水はけの悪い水田の地下は湿ったままの状態なので、そこまで掘り進むことで乾燥から逃げるのである。主にミミズ類のような土中にすんでいる生物が行う方法である。

乾燥を耐える（図f4-4）

どうせ乾燥するのならば耐えてしまおうという発想であり、主に水田から逃げ出すことのできない小型の生き物たちが行う方法である。かの有名なクマムシであれば乾燥し、休眠状態（クリプトビオシス）となることで成体の状態でも圧倒的な耐久性を得ることができる。この方法は他に一部の線虫類、ワムシ類、ネムリユスリカなどで見られることが知られているが、ほとんどの生き物たちは成体の状態で耐えることはできない。

図f4-2 畔の草むらに逃げたナゴヤダルマガエル。カエルにまで成長できれば陸伝いに逃げることが可能である。

図f4-3 畔で見つかったミミズの仲間。水分を求めて地中を移動していることが多い。

そのような生き物たちは耐久卵や休眠芽を残すことになる。この耐久状態は数年発生能力を持つものも多く、転作で翌年に水が入らなくともその次の年にはしっかりと出現してくれる。また、耐久卵を残すようなタイプの生き物は大型鰓脚類のような比較的大きな生き物であっても寿命が数週間と長くないことが多いので、天寿を全うして次世代に託していくものが多い。

あきらめる（図f4-5）

そもそも水田への侵入が偶然であったり、逃げ出すための手段が間に合わなかったりする生き物たちに起こる事態である。

水田に注ぐ用水は水源には地下水やため池、川など恒常的に水がある場所が使われている。そういった場所に適応した生き物にとって水がなくなるという事態は想定外である。また、オタマジャクシのように逃げ出せる状態になるまで時間がかかる生き物の場合、中干しまでに肺呼吸に変わらないという事態も起きうる。実際中干し状態の水田ではオタマジャクシや逃げ切れなかったザリガニが干上がっているのが観察できる。運良く残った水たまりに到達し、生き残るものもいるが、ごく少数である。

図f4-4　アオミドロの仲間（*Spirogyra* sp.）の接合。できあがる接合子には乾燥耐性があり、次に環境がよくなるまで耐えることができる。

図f4-5　休耕状態の水田。水棲生物は当然ながら見られない。

05 水田のイタチムシ

水田はイタチムシの宝庫

水田は豊富な生物層を誇る場所であり、これまでに水田からは未同定種も含めて46種もの非常に多様なイタチムシ類が見つかっている。

これまでに日本の湖沼から発見されていたイタチムシ類が30種程度であったことを考えるといかに多様なイタチムシ類が水田を生活の場にしているかがわかる。しかし、これほどにまで多様なイタチムシ相を抱えながら、筆者が調査を始めるまではその存在がほとんど知られていなかった（図g1-1）。

これは水田の生物調査が行われていなかったわけでも方法が悪かったわけでもなく、調査方法がことごとくイタチムシと相性が悪かったことが原因である。

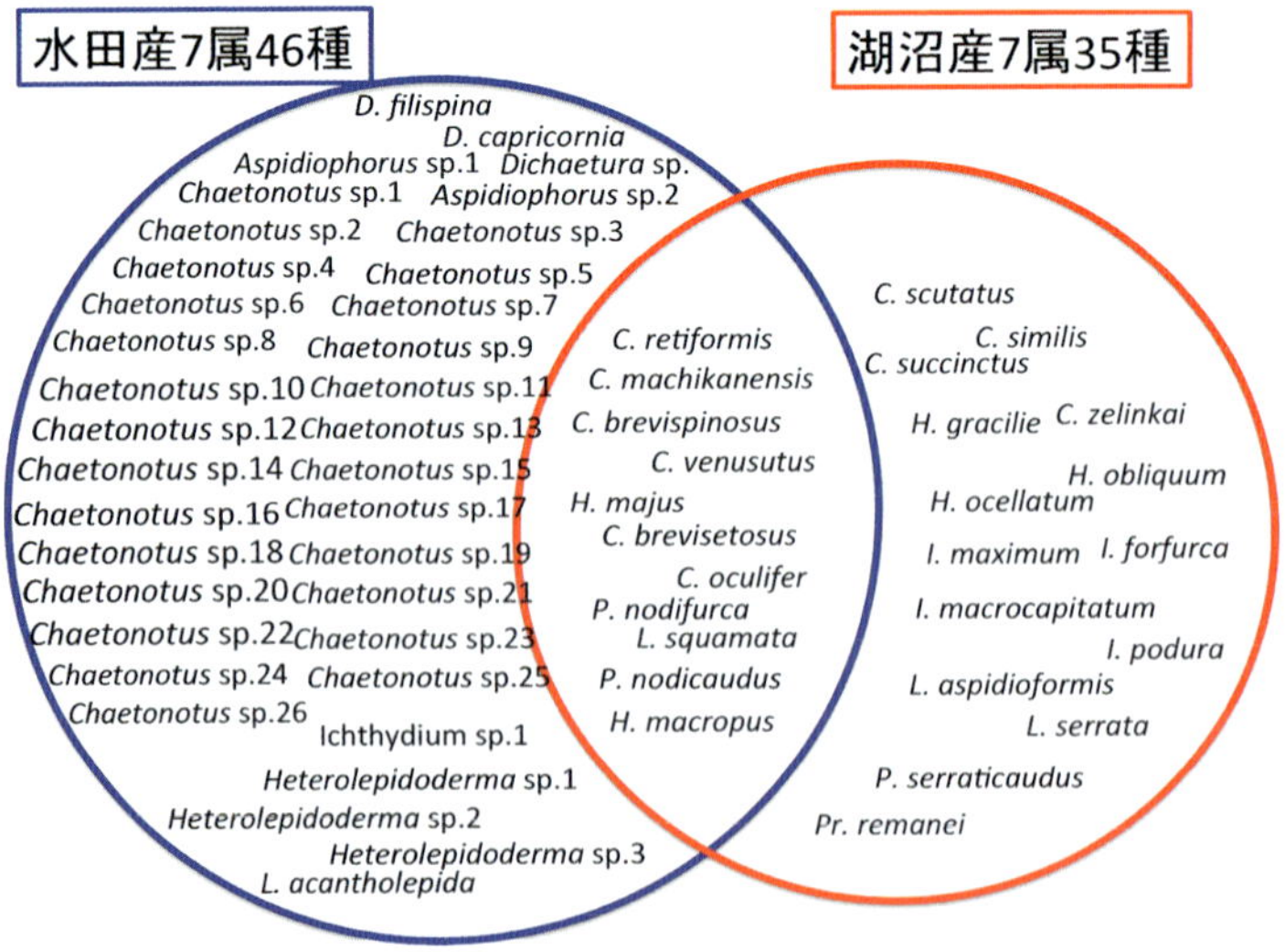

水田産7属46種
D. filispina
D. capricornia
Aspidiophorus sp.1 Dichaetura sp.
Chaetonotus sp.1 Aspidiophorus sp.2
Chaetonotus sp.2 Chaetonotus sp.3
Chaetonotus sp.4 Chaetonotus sp.5
Chaetonotus sp.6 Chaetonotus sp.7
Chaetonotus sp.8 Chaetonotus sp.9
Chaetonotus sp.10 Chaetonotus sp.11
Chaetonotus sp.12 Chaetonotus sp.13
Chaetonotus sp.14 Chaetonotus sp.15
Chaetonotus sp.16 Chaetonotus sp.17
Chaetonotus sp.18 Chaetonotus sp.19
Chaetonotus sp.20 Chaetonotus sp.21
Chaetonotus sp.22 Chaetonotus sp.23
Chaetonotus sp.24 Chaetonotus sp.25
Chaetonotus sp.26 Ichthydium sp.1
Heterolepidoderma sp.1
Heterolepidoderma sp.2
Heterolepidoderma sp.3
L. acantholepida

C. retiformis
C. machikanensis
C. brevispinosus
C. venusutus
H. majus
C. brevisetosus
C. oculifer
P. nodifurca
L. squamata
P. nodicaudus
H. macropus

湖沼産7属35種
C. scutatus
C. similis
C. succinctus
H. gracilie C. zelinkai
H. obliquum
H. ocellatum
I. maximum I. forfurca
I. macrocapitatum
I. podura
L. aspidioformis
L. serrata
P. serraticaudus
Pr. remanei

図g1-1 水田と湖沼から得られたイタチムシ類の数の比較。水田という狭い世界に非常に多様なイタチムシがすんでいることがわかる。

一般的な水田の微小生物の調査は、水と泥のサンプルを観察することによって行われる。水田産のイタチムシは底棲（ていせい）な上にもの陰にいることが多いため、水のサンプルにまぎれ込むことはほとんどなく、可能性があるのは泥のサンプルになる。しかし、泥のサンプルは観察する前には視界を確保するために細かい泥の粒子を篩（ふるい）で落としてしまう。イタチムシは体長こそ100㎛を超えるが、体の幅はこれより細く、細かい泥といっしょに濾過（ろか）の際にこぼれ落ちてしまう。それゆえ、水田のイタチムシは偶然水中に浮かび上がったイタチムシや大型のイタチムシがまれに確認されるだけだった。

イタチムシ類が好む畔付近の草の陰になったような場所は通常の調査では調査対象外であったのだが、実際にそこを調べてみると、驚くほど多様なイタチムシたちが生活していた。

水田のイタチムシはどこから来るのか

水田では多くの生き物が乾燥対策をしながら生活している。

イタチムシ類はどうかというと、当然空を飛ぶことも陸を歩いて逃げることもできないため、成体のイタチムシは干上がってしまう。つまりなんらかの形で乾燥に耐えるか、毎年新たに侵入するかが必要だ。水田のイタチムシ相とイタチムシそのものの特徴として以下のようなものがある。

1．同じ水田に毎年出る種がいる。

2．同じ用水を引いていても出現するイタチムシが異なる。

3．用水からはほとんどイタチムシ類が検出されない。

4．環境の変化に応じて、乾燥や低温に耐えられる耐久卵を産む。

この1～3から水田に現れるイタチムシのうち、用水から侵入するのはごく少数で、多くが元々いた水田に乾燥期も潜んでいることが予想できる。ではどうやって耐えているのかというと4の耐久卵という形である。

イタチムシの耐久卵そのものは50㎛程度で動きもせず、さらにワムシの卵とそっくりであるため、土の中から見つけ、見分けるのは至難の技である。しかし、カラカラに乾いた水田の土に水を加え、適温で温めるとワムシや繊毛虫といっしょにイタチムシ類も現れることが確認できる。

水田で見られるイタチムシの多くは耐久卵を作りながら、一度侵入した水田に定住するようである（図g

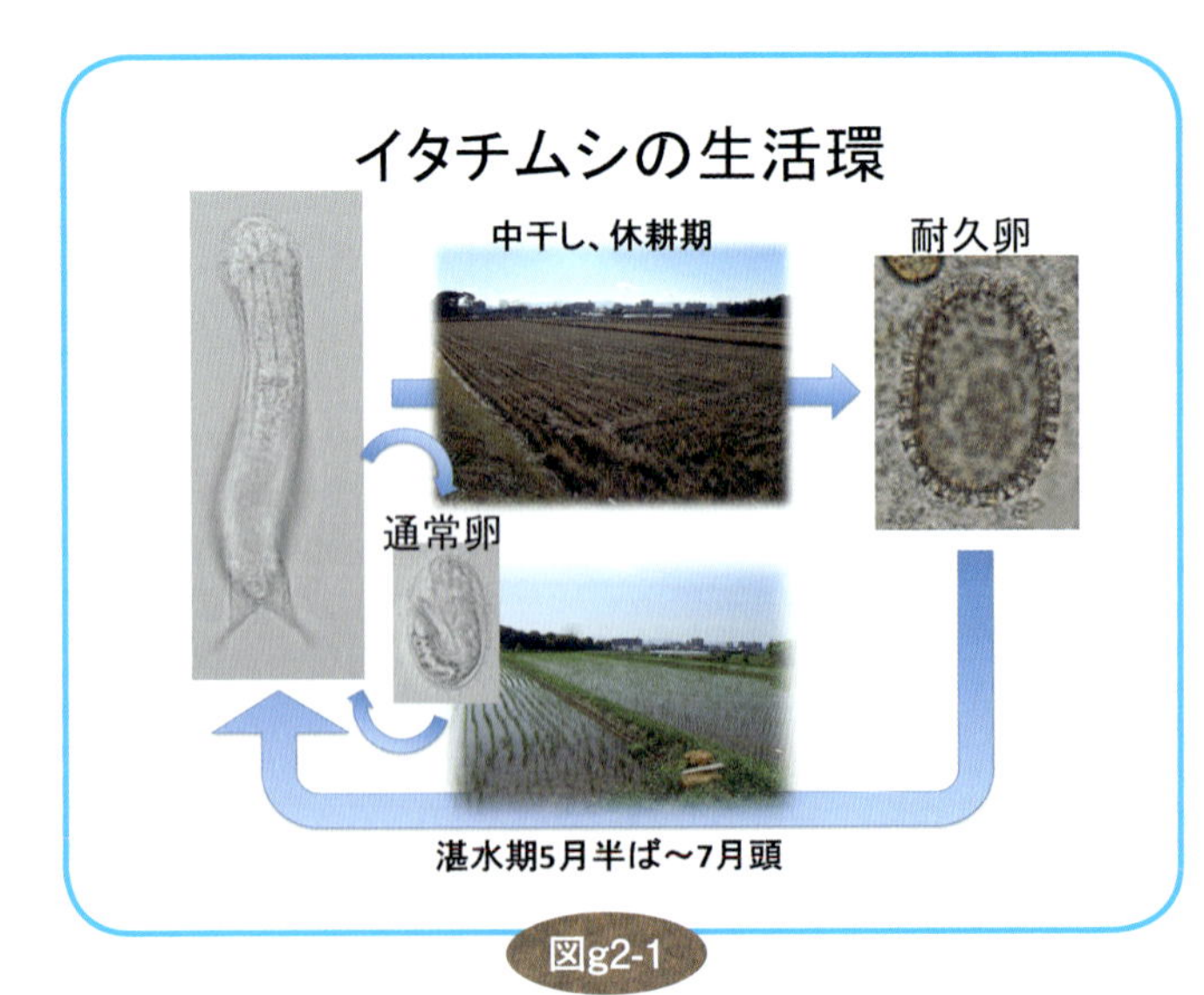

図g2-1

05 水田のイタチムシ

2－1）。

イタチムシの天敵

生物学者がイタチムシを探す際の天敵がワムシであるという話はしたが、実際にイタチムシ自身にとっての天敵、すなわち捕食者となるような生物ははたしているのであろうか。

正直なところイタチムシを狙い、積極的に食すような生き物は今のところ見つかっていない。ただ、サイズ的に捕食者になるであろう生き物は何種類か存在している。

カイミジンコ類（図g3－1）

非常に獰猛な肉食の生物であり、底棲の種が多く、イタチムシと生活範囲がかぶる生き物である。基本的には死んだ生物を食べる腐食性なのだが、傷口があれば容赦なく襲ってくる。産卵時に背中が破れるイタチムシが多いため、産卵時に襲われている可能性がある。

扁形動物（図g3－2）

基本的に口に入れば何でも食べるタイプの生き物であり、イタチムシぐらいのサイズは程よい大きさである。特に腹側に口があるタイプの扁形動物にのしかかられれば一巻の終わりであろう。

ミミズ類（図g3－3）

水底の基質であれば、とりあえず食べて、とりあえず消化して、とりあえず未消化物は排泄するという非常に大雑把(おおざっぱ)な食事をする生き物、それがミミズ類である。
水底の落ち葉などから見つけて観察すると、常に何かしらを食べているようすが見られるだろう。水底のものを片端から吸い込むのであるから、当然そこにイタチムシがいようとも容赦はない。残念ながらカイミジンコのような殻を持たないイタチムシでは消化を逃れるすべはないのである。

繊毛虫類（図g3-4）

繊毛虫類は意外に貪欲であり、自分とほぼ同じサイズの生き物ですら食べてしまうものもいる。実際200㎛を超えるような繊毛虫は珍しくなく、150㎛ほどの体長である種が多いイタチムシは十分に捕食対象だといえるだろう。

根足虫類（図g3-5）

聞きなれない分類群だと思うかもしれないが、アメーバ類のことである。
自在に身体を変化させ、身体のくぼみに入った生き物を捕食するさまは、まさに生けるトラップである。部屋に入った途端(とたん)、入り口は閉まり、天井や壁が迫ってくるというパニック映画のごとき捕食シーンは観察していてなかなか恐ろしいものである。基本的には捕まえたものは何でも食べること、底棲であり生活域がかぶることを考えるとイタチムシが捕食されていてもおかしくはない。

魚類（図g3-6）

種や成長段階によって水底の泥にいる生き物を食べるものがいる。多くの場合、イタチムシ

図g3-1

カイミジンコの仲間。獰猛な反面、足をばたつかせて水底をはい回る姿はなかなかかわいらしい。

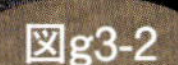

図g3-2

アメリカナミウズムシ（*Girardia tigrina*）。滑らかに移動しながらあっという間に捕食するさまは非常に恐ろしい。

図g3-3

ミズミミズの仲間。丸呑みで食べること、体が透けていることから、ある程度の大きさと硬さのあるものであれば何を食べたか観察がしやすい。

図g3-5

アメーバの仲間（*Amoeba* sp.）。体内に見える大きめの塊はすべて取り込まれた繊毛虫（*Tetrahymena* sp.）である。

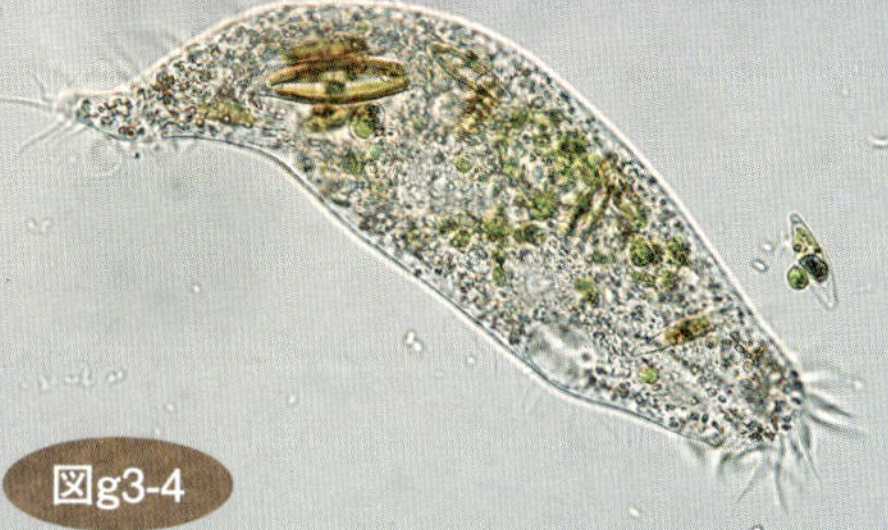

図g3-4

下毛類の仲間（*Uroleptus* sp.）。緑藻や珪藻類が多数細胞内に取り込まれていることがわかる。

図g3-6

ニゴロブナの稚魚。特に稚魚は成長のために常に何かを食べており、そのため非常に成長が早い。

を積極的に捕食しようとしているわけではないが、結果として捕食されてしまうイタチムシは多いだろう。また、一部のイタチムシは浮遊性であり、底棲のものより魚類の脅威(きょうい)にさらされやすいだろう。

イタチムシの防衛術

天敵たりうる生き物を挙げたが、イタチムシとてこれらの生き物に無抵抗に食べられているわけではない。イタチムシが持つ防衛法は基本的に食べられにくくするという方向性である。

鱗板による防御（図g４－１）

イタチムシの多くの種はその身体をクチクラ性の鱗板でおおっている。この鱗板には前述のようにさまざまなバリエーションがあり、単純に扁平なものから長く鋭い棘のついたもの、ハスの葉のように先端が広がったものなどがある。

鱗板があれば、当然攻撃からは身を守りやすくなるし、棘があればさらに食べにくくなるだろう。しかし、イタチムシの防御法は単に棘や鱗を置いているだけではない。生物顕微鏡で鱗の根元をよく見てみると、透明な細い繊維のようなものが身体の中央に向かって伸びていることが観察できる。これは筋肉の繊維であり、背中に数百はある鱗の一つひとつに対して、「逆立てる用」の筋肉と「寝かせる用」の筋肉が接続しているのである。これの筋肉による棘の動きが顕著なのが浮遊性イタチムシ類であり、*Dasydytes* 属のイタチムシのような浮遊性かつ非常に長い棘を持つタイプのイタチムシでは遊泳中にも頻繁に棘を広げているようすが観察できる（図 g 4-2）。

カブトミジンコなども捕食圧がかかると棘を伸ばすことが知られているが、伸ばしただけでは相変わらず捕食されることも観察されている。そう聞くと無駄にも聞こえるかもしれないが、これらの棘は刺突用というよりは広げて見た目の体積を増し、捕食サイズから逃れるというものであろう。広げた後が相手の口より大きくなれるか否かが勝負というわけである。

粘着管による防御（図 g 4-3）

こちらは比較的大型の相手に対する防御である。イタチムシ類のほとんどの種に共通する特徴として後端から生えた2本の尾突起の存在がある。この突起の内部には粘着液と剥離（はくり）液の分泌腺があり、すばやい底質への粘着と、自由なタイミングでの剥離を可能にしている。これにより、吸い込まれそうになった瞬間に堪えることが可能になるのだ。

実際にどの程度の水流に逆らえるかが問題になるわけであるが、飼育下ではピペットで作った水流ぐらいであればガラスシャーレの底に張りついて余裕で耐えているようすが観察できる。そして水流を止めた直後にはもうはい出しているのである。このすばやい粘着と剥離は吸い込まれ捕食されることから逃れるだけでなく、逃れた後に、さっさとその場から離れることにも役立っているだろう。もっとも、粘着した基質ごと食われた場合はどうしようもないのであるが。

図g4-1
体を丸めたイタチムシの仲間（*Chaetonotus schultzei*）の走査型電子顕微鏡写真（×617）。棘の長いイタチムシ類は刺激に反応して丸まることが多い。

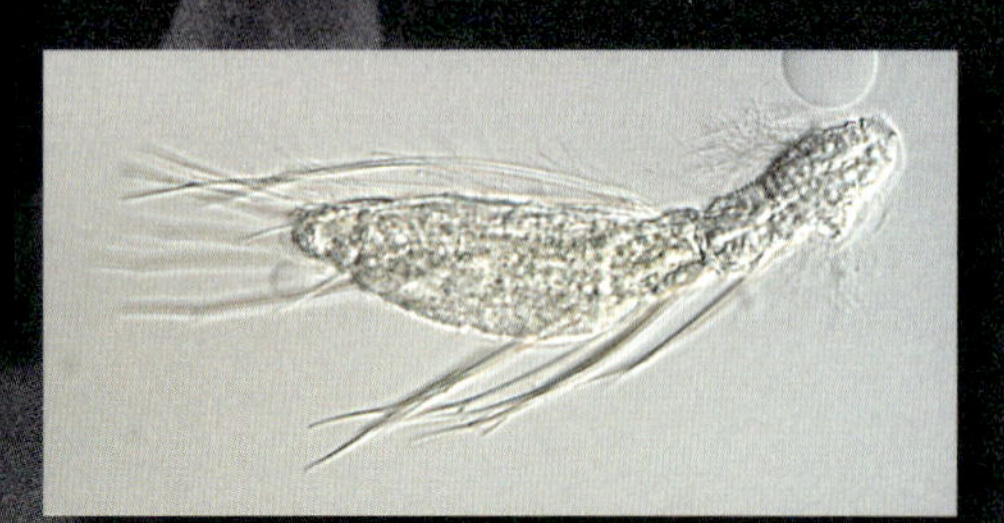

図g4-2
長い棘を持った浮遊性イタチムシの仲間（*Dasydytes* sp.）。定期的に棘を広げながら遊泳する。

図g4-3
ウロコイタチムシ（*Lepidodermella squamata*）の尾突起先端の走査型電子顕微鏡写真（×5,000）。この先端から粘着液と剥離液が分泌される。

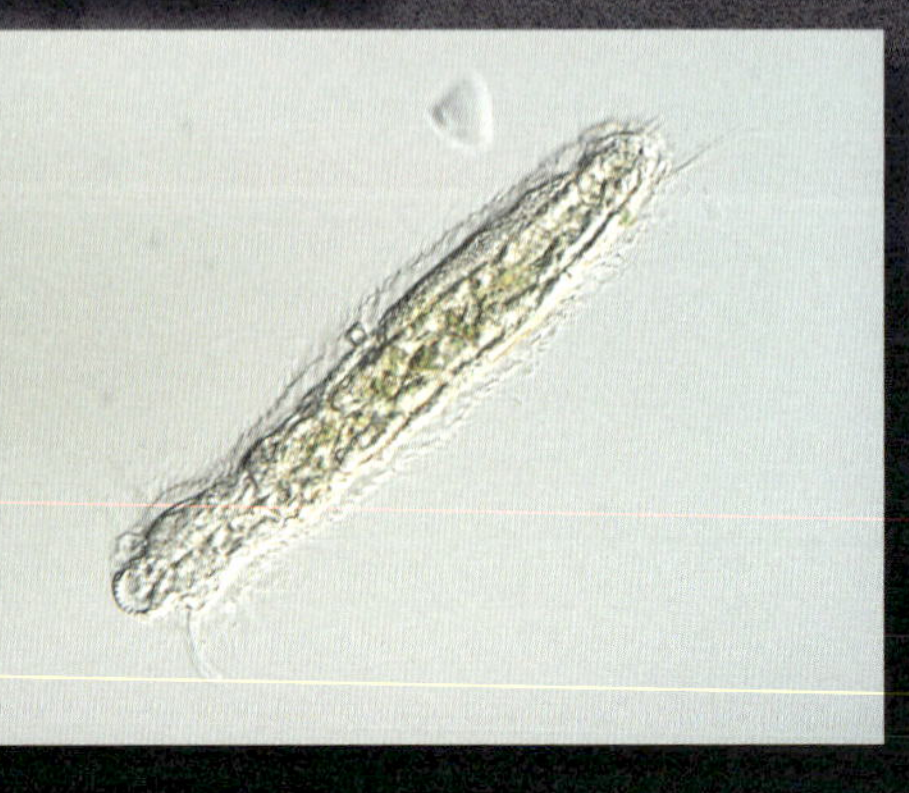

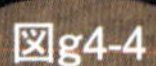

図g4-4
棘の短い浮遊性イタチムシの仲間（*Kijanebalola* sp.）。頭部のウサギの耳のように突き出した触角が特徴的である。

これら2種の方法であるが、イタチムシ全体で見てみると浮遊性以外、ほぼすべてのイタチムシが尾突起を持っているのに対して、鱗板は必ずしも棘を持つわけではない。

ウロコイタチムシ（*Lepidodermella*）属のような鱗板に棘を持たないタイプのイタチムシやハダカイタムシ（*Ichthydium*）属のようなそもそも鱗板自体を持たないイタチムシがいるが、どちらも広く世界中に見られる種が含まれており、鱗や棘の有無が明らかな生存率の低下にはなっていないようである。浮遊性のイタチムシであっても*Kijanebalola*属のように短い棘しか持たないものもいる（図g4-4）。もちろん尾突起による粘着は捕食の回避だけでなく、水流への抵抗もあり、棘より多目的に使われていることは間違いないが、どちらが生きていく上でより重要かとなると尾突起のほうのようである。

水田産の希少種

水田から得られたイタチムシ類は58ページの図g1-1にあげた46種である。これらのうち*Dichaetura*属のイタチムシ3種は同じ水田から得られている。この属のイタチムシは多分岐した尾突起もしくは尾突起に棘を持つことが特徴であり、水田から見つかった種を合わせても世界で5種しか見つかっていない非常に珍しい属のイタチムシであった（図g5-1・2）。

当然3種も同一の場所から得られるというデータはなく、水田という環境が擁する多様性を示している例といえるだろう。

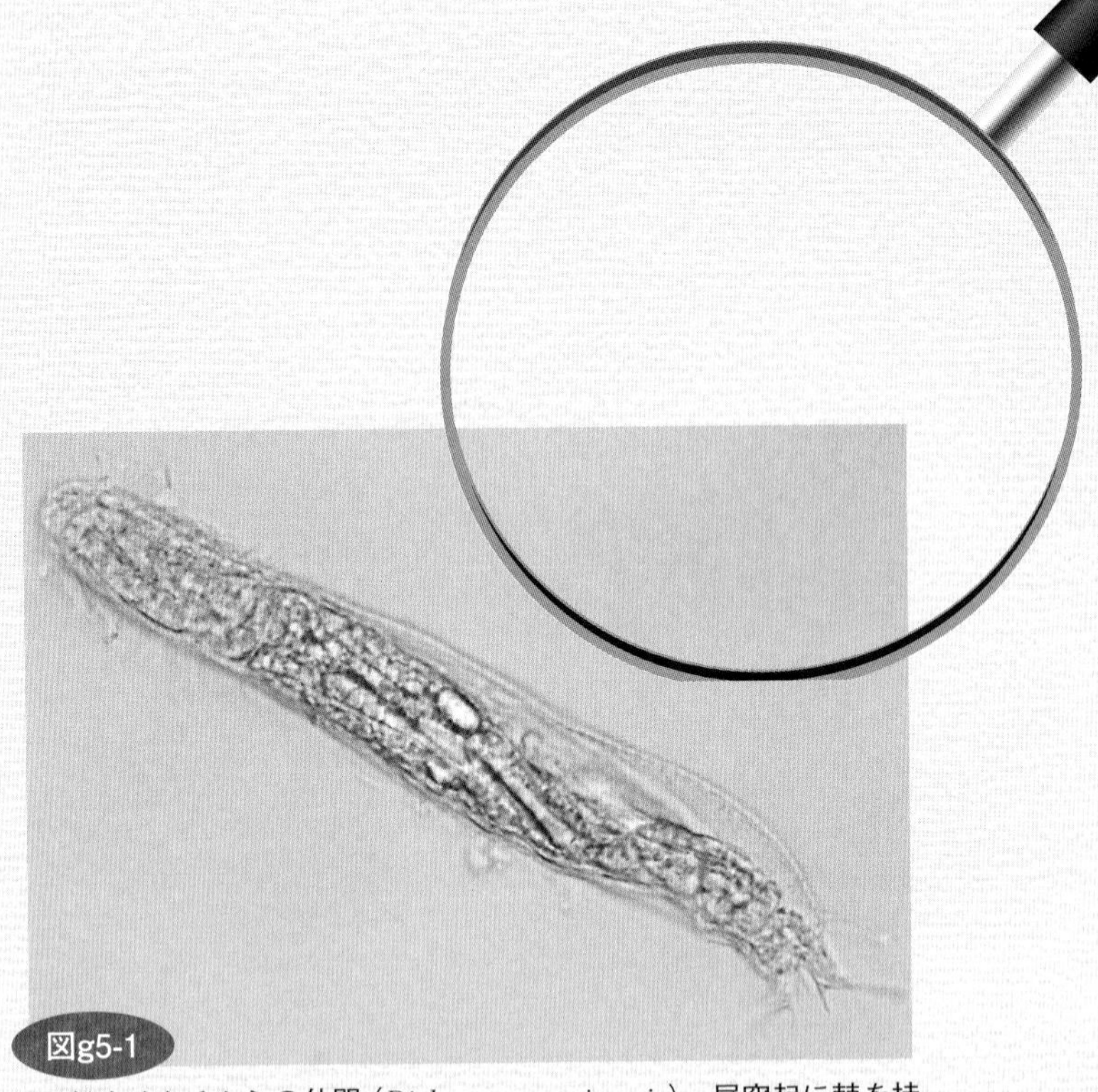

図g5-1

トゲオイタチムシの仲間（*Dichaetura capricornia*）。尾突起に棘を持つ珍しいタイプのイタチムシ。

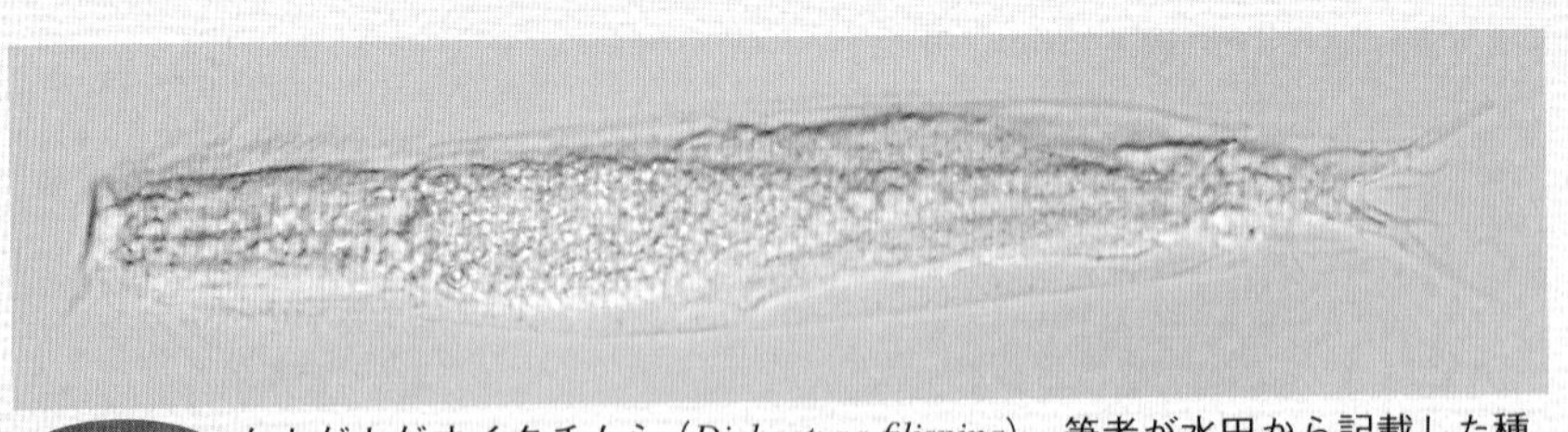

図g5-2

ケトゲトゲオイタチムシ（*Dichaetura filispina*）。筆者が水田から記載した種。現在までに水田以外からの報告はない。

06

湖沼のイタチムシ

湖沼は未発見のイタチムシの宝庫

多くのイタチムシ類は水草や水底をはって生活している（図h1-1）。とくに細かく入り組んだ水草の根付近や落ち葉が堆積しているところではよく見つかる。これまでに7属35種が確認されており、そのうち11種が水田でも発見されている。

一見すると少なく見えるかもしれないが、湖沼のイタチムシに関しては種レベルまでわかるような詳細な調査は広島や大阪、長野、東京などのごく一部の地域でしかなされておらず、まだまだ増える余地がある。とくに全国で行われている水中の微小生物調査では「イタチムシの仲間」程度で終わっているものがいくつか確認されており、これらが本当はなんという種であったかを確認することが重要になっている。

図h1-1　筆者が新種を記載した大阪大学の池。身近な場所にも新種が多数潜んでいる可能性がある。

07 特殊なイタチムシたち

すむ環境が特殊

九州大分県にある金鱗湖（きんりんこ）（図・i1-1）は温泉が流れ込む池であり、熱帯魚が冬越しできるほどの水温に保たれている。

さすがに沸騰を続ける源泉付近ではイタチムシ類は確認することはできなかった（図・i1-2）が、数百メートル下るとすでにしぶきのかかる位置には藍藻（らんそう）が生えだしており、生物のたくましさが感じられる（図・i1-3）。金鱗湖本体からはウロコイタチムシ（*Lepidodermella squamata*）が確認できている。また過去に行われた調査ではイタチムシ属（*Chaetonotus*）のイタチムシ類も確認されており、これを再発見できれば、温泉イタチムシとでも名づけられる種が見つかる日が来るかもしれない。

地形が特殊

できあがってから一度も大陸と陸続きになっていない島を海洋島と呼ぶのだが、ここにもイタチムシは生息している（図・i1-1・2・3・4）。

しかし、南大東島（だいとうじま）や北大東島にいるイタチムシ類はガラパゴス島にいるイグアナやフィンチのような島固有の種ではなく、例えばマチカネイタチムシに代表される日本本土にも普通にいる種であった。

本土からの移入方法としては渡り鳥や人が運ぶ物資にまぎれてという手段があるが、いずれも移動時には潤沢（じゅんたく）な水が長期的にある環境とはいいがたいだろう。ウロコイタチムシやハダカイタチムシのような場所を問わず広く世界中に見られる種もおり、これらの拡散には耐久卵の乾燥、低温への耐性と引っかかりやすい突起が役に立っていると考えられている。

遺伝子が特殊

近年遺伝子による系統解析が発達し、配列を比較することで、さまざまな生き物がどのグループと近いか、どのように進化したか、見た目は同じだが実は別種といった現象をより詳細に明らかにできるようになってきている。

イタチムシ類の中で最も遺伝子解析が進んでいるのがウロコイタチムシである。広く世界中に見つかるこの種は基本的に同じ外見をしている。だが、地域ごとに遺伝子の違いを見ていくと、もはや別種といわれても問題ないレベルで変異が入っていることがわかっている。

このような外見上は違いがなくともすでに別種レベルに遺伝子が異なってしまったものを隠蔽（いんぺい）種と呼ぶ。隠蔽種が見つかる一方でちょうど地球の反対側になる日本とアメリカのウロコイタチムシの遺伝子配列がほぼ完全に一致するという現象も見られる。

そもそも受精を必要とせず、交配が行われないイタチムシにおいて、どのように「種」が維持され、どのように「種」が分岐（ぶんき）していくのか明らかにすることは今後の大きな課題である。

図i1-1　九州大分県湯布院の金鱗湖。冬の明け方は暖かい湖水によって霧が大発生することで有名である。

図i1-2　金鱗湖に注ぐ温泉の源泉。源泉の熱で奥の林の木が枯れてしまっている。

図i1-3　源泉から少し離れた側溝。水温自体はまだ生物のすめる温度ではないが、飛沫を利用して藍藻が生息している。

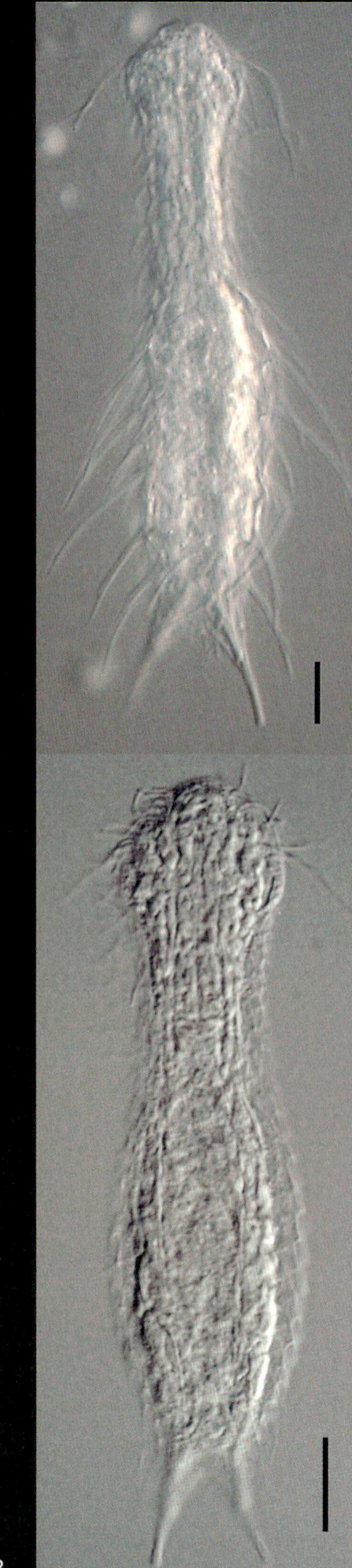

図i2-1

マチカネイタチムシ（*Chaetonotus machikanensis*）。大阪大学のある待兼山の待兼池で発見されたイタチムシである。

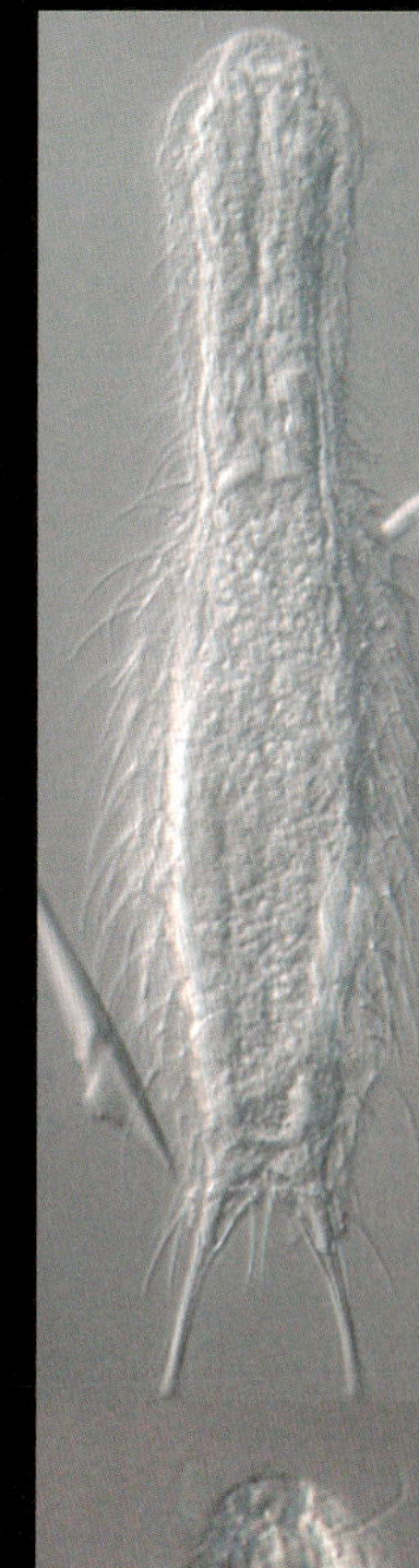

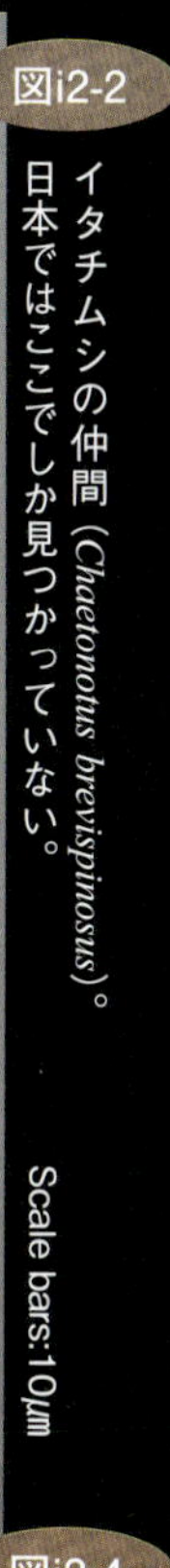

図i2-2

イタチムシの仲間（*Chaetonotus brevispinosus*）。日本ではここでしか見つかっていない。

Scale bars:10μm

図i2-3

イタチムシの仲間（*Chaetonotus intermedius*）。日本ではここでしか見つかっていない。

図i2-4

スジウロコイタチムシの仲間（*Heterolepidoderma* sp.）。海洋島であっても多様なイタチムシ類が見られる。

生活様式が特殊

イタチムシ類は基本的に水の底にすんでいる底棲の生き物である。ところがごく一部のイタチムシで水底をはうことをやめ、水中で浮遊生活を始めたグループがいる。図i4-1のイタチムシは日本で確認されている浮遊性の種（*Kijanebalola* sp.）であるが、底棲のものと比べて大きな違いがあることがわかるだろうか。尾突起に注目してもらうと、尾突起が棘化していることがわかるだろう。そもそも尾突起は粘着液を出して岩や草にしがみつくための器官であるので、当然浮遊している彼らには不要というわけである。

また、一部の属（*Dasydytes*）では大きく棘を伸ばしている。この棘は広げることができ、捕食に対する防御機構になっていると考えられている。

日本では非常に珍しいタイプのイタチムシであり、琵琶湖博物館の生態観察池をはじめとする一部の地域（図i4-2）で、季節限定でしか得られないのだが、筆者がイタチムシ学の基礎を学んだドイツの大学では、構内の水路からいともたやすく手に入れられていた。

イタチムシ類はまだその正確な生息範囲がよくわかっていない生物である。ひょっとしたら近くの池を調べたら新種、珍種がザクザクということもあるかもしれない。

図i4-1 浮遊性イタチムシの仲間（*Kijanebalola* sp.）。かつて尾突起があったであろう場所は棘に置き換わっており、粘着腺をもたない。

図i4-2 琵琶湖博物館屋外展示にある生態観察池。琵琶湖博物館開館当初からあり、原則人工的に生物を入れずに放置したら、どのような生物が現れるか観察するための池である。

生活方式と呼ばれ方

一口に水棲生物といっても、その生活様式は実にさまざまである。水中の微小生物は「プランクトン」とひとくくりにされがちであるが、プランクトン以外にも生活様式ごとにさまざまな名前がついている。

水表生物（ニューストン）

水面に浮かびながら生活している生物であり、浮くためのガス胞や毛などを持ち合わせている。アメンボ類や浮き草類などが含まれる。捕食や移動のために一時的に水中に潜ったり、空を飛ぶことができるものもいる。

遊泳生物（ネクトン）

水中を泳いで生活している生物であり、自力で水流に逆らうだけの遊泳力を持っている。魚類や昆虫などある程度大型の泳ぐ生物が含まれる。また、遊泳力の弱い幼生期は浮遊生物（プランクトン）として過ごすものが多い。

浮遊生物（プランクトン）

水中を漂って生活している生物であり、自力で水流に逆らうだけの遊泳力を持たない。動物植物問わず多くの水棲微小生物が含まれ、ミジンコ類やワムシ類、緑藻類、鞭毛藻類など幅広い生物を含む。また、他の生活様式の生物の幼生も多く該当する。

底棲生物（ベントス）

水底をはって生活している生物であり、遊泳力はそれほど高くない。ソコミジンコ類やイタチムシ類などが含まれる。表面に留まるために光に対して正の走光性を持っていたり、一時的な水流から逃れたりするために付着器を持つものもいる。

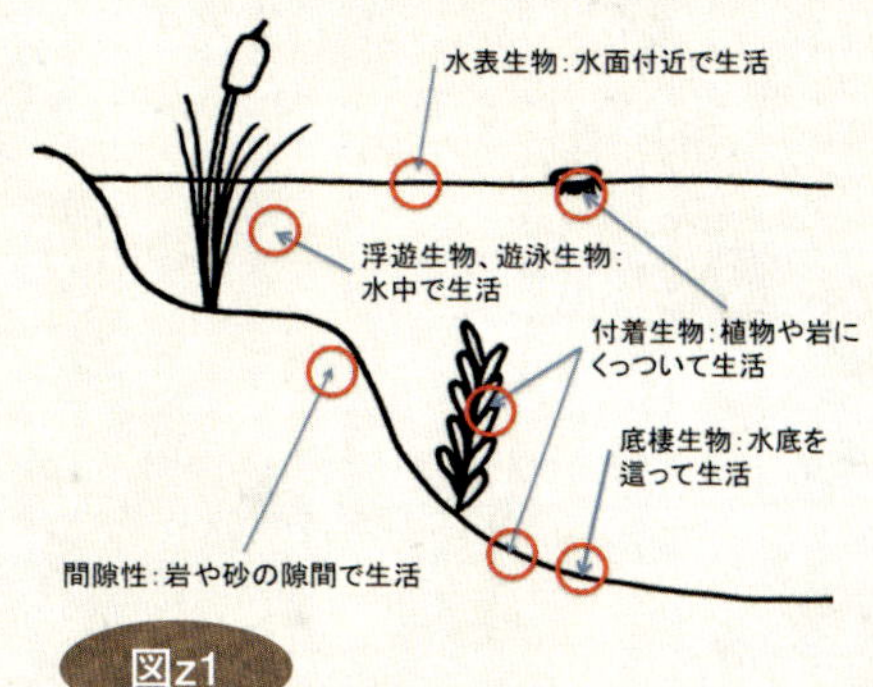

図z1

さまざまな生活様式の図。水中ではさまざまな生物がさまざまな場所で所狭しと生活している。

付着生物

岩や植物などの基質に張りついて生活している生物であり、付着のための器官や付着場所としての棲管を作る性質を持つ。ツリガネムシ類やラッパムシ類、一部のワムシ類などが含まれる。一生を付着場所で過ごすものと、環境に応じて付着後でも移動できるものがいる。親の移動性が低いため、浮遊性（プランクトン）の幼生を用いて分布を広げるものが多い。

間隙生物

砂の隙間に潜んで生活している生物であり、隙間に適した細い身体をもつことが多い。一部のカイミジンコ類、ミミズ類、線虫類などが含まれる。他の生活様式の生物に比べて小型であることが多い。

このように水棲生物にはさまざまな生活様式の生物がいる。いくつかの生物名を挙げているが、必ずしもその分類群すべてがその生活様式ではないことには注意しておきたい。例えばほとんどが底棲であるイタチムシにも浮遊性の種がいることは本書でも紹介している。また、軸を作り付着生活を行うツリガネムシの中にも、軸ごと水中を漂って生活する浮遊性の種が存在している。

08

日本で見られるイタチムシたち

イタチムシ類の分類

湖沼にしろ水田にしろ絶賛調査中という現状ではあるのだが、一部のイタチムシ類の紹介をしておこう。和名がついている属に関しては和名も併記している。また、大まかな見分け方は検索表も参考にしてほしい（鈴木２０１３より改変）。

エウロコイタチムシ属（*Aspidiophorus*）　特徴的な鱗板をもつイタチムシであり、湖沼、水田ともに出現はするが比較的珍しいイタチムシである（図・j１-１・２）。背側の鱗板がハスの葉状になっており、小さな鱗板から生えた棘は先端が平らに広がっている。生物顕微鏡では鱗の棘部分を見落としウロコイタチムシ属（*Lepidodermella*）と誤同定したり、逆に上の広がった部分を見落としてイタチムシ属（*Chaetonotus*）と誤同定したりすることに注意したい。

イタチムシ属（*Chaetonotus*）　イタチムシ目（*Chaetonotida*）の約半数の種が属する最大の属であり、鱗板から生える棘の形状の違いなどから7亜属を含んでいる（図・j１-３・４）。無印の「イタチムシ」の名を冠するだけあって、全属の中で最も典型的なイタチムシの形態をしている。体長１００㎛前後の小型種は水草や落葉の下から，体長３００㎛を超す大型の種は泥から発見されることが多い。筆者が大阪大学の待兼池(まちかねいけ)から記載した *C. machikanensis*, *C. retiformis* の2種もこの属に含まれる。典型的な形をしていたらまずこの属と疑ってよいだろう。

ダシディテス属（*Dasydytes*）　浮遊性のイタチムシである（図・j1-5）。非常に長い棘を持っており、それを閉じたり広げたりしながら遊泳する。浮遊性のため何かにくっつく必要がなく、その結果尾突起が退化し、粘着管がなくなっている。さながら棘の生えたボウリングピンかコケシかという姿になっている。浮遊性の種はあまりイタチムシらしくない体型をしているものが多いが、特徴的な咽頭(いんとう)と腸の形、腹側の繊毛列など底棲種と共通するところも多い。慣れれば見分けることは容易だろう。日本では過去に野尻湖（長野県）で発見されたという報告があり、筆者も何度か調査に行っているが、いまだに再発見には至っていない。

トゲオイタチムシ属（*Dichaetura*）　尾突起に特徴的な棘、もしくは棘状の分岐を持ったイタチムシである（図・j1-6・7）。非常に珍しい属ではあるが、日本では3種が発見されている。分岐した尾突起はイタチムシと同じ腹毛動物門に属しているオビムシに一般に見られる特徴である。オビムシは2種を除いては海産であり、波の流れに耐えたり、間隙生活で自身を固定したりするために多分岐した尾突起や全身に粘着管を持っている。その入手性の悪さからほとんど研究が進んでいないが、ひょっとしたらオビムシとイタチムシの分岐を探る上で重要なイタチムシかもしれない。

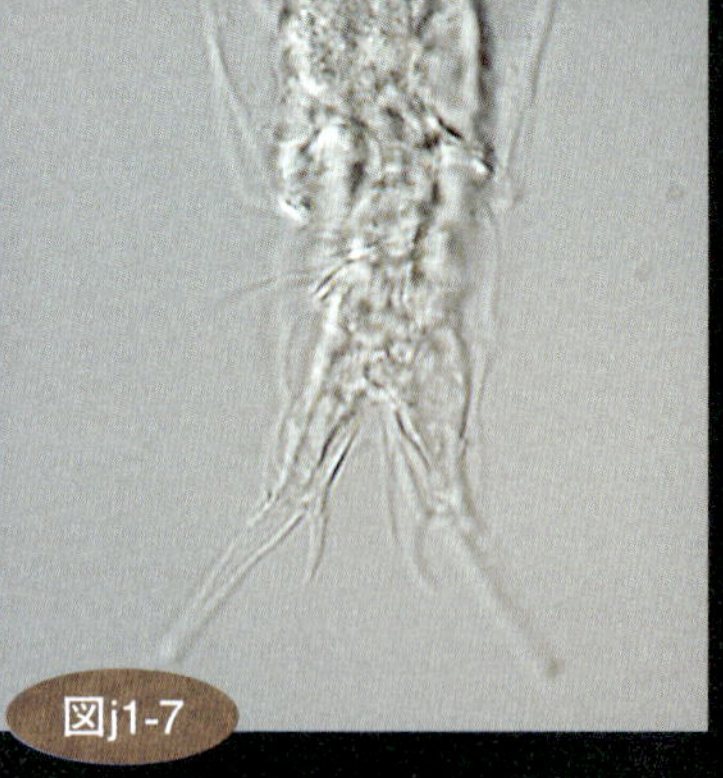

図j1-7

ケトゲトゲオイタチムシの尾突起付近の拡大写真。中央の１本とは別に、各尾突起に一つずつカギ状の棘がついている。

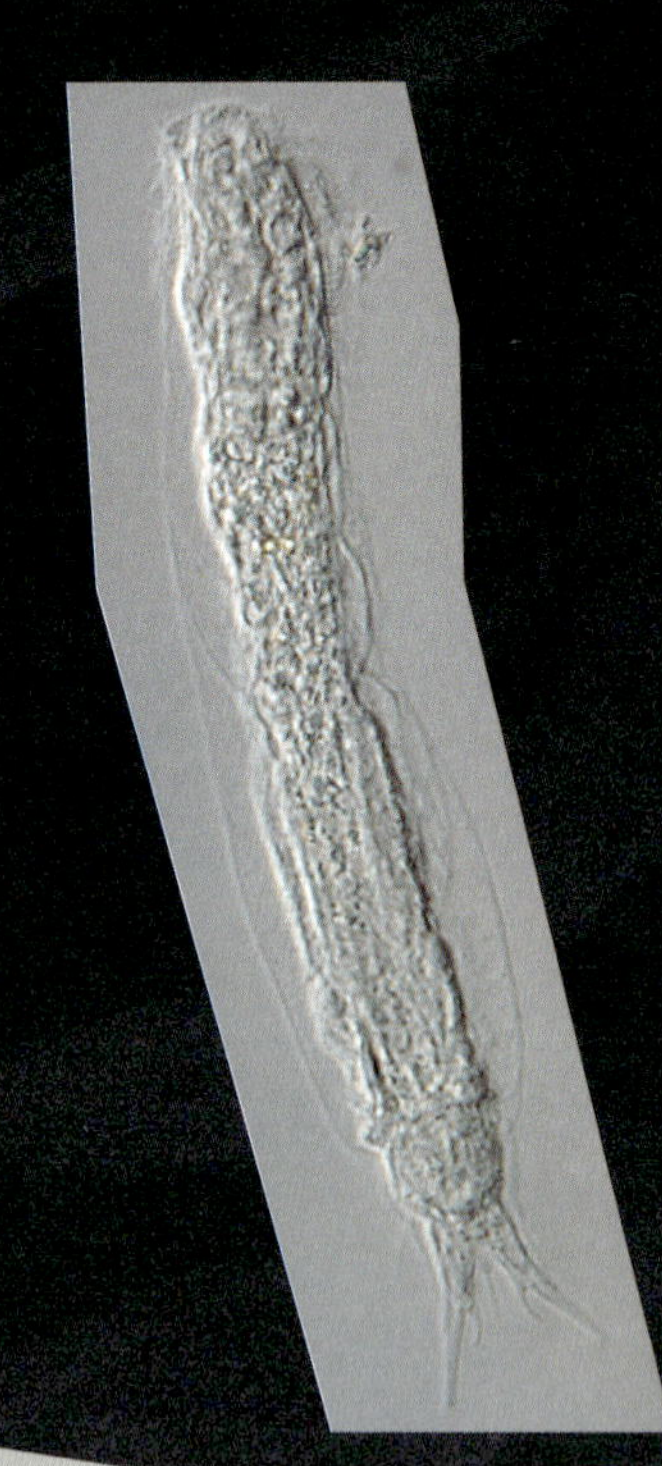

図j1-6

ケトゲトゲオイタチムシ（*Dichaetura filispina*）。尾突起の棘は分岐していた粘着管の名残と考えられており、原始的なイタチムシの可能性がある。

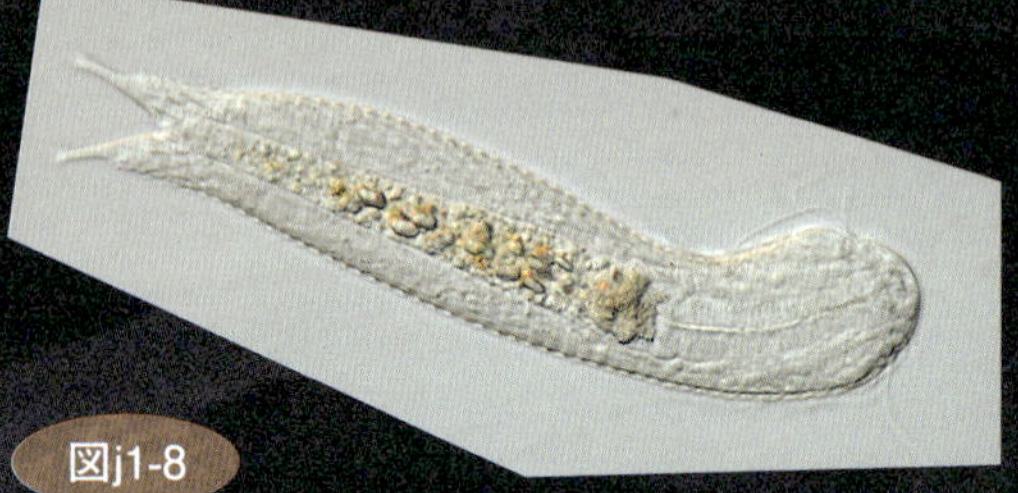

図j1-8

スジウロコイタチムシの仲間（*Heterolepidoderma* sp.）。鱗自体は比較的見やすいタイプのイタチムシであるので、鱗の形と大きさはしっかりと見ておきたい。

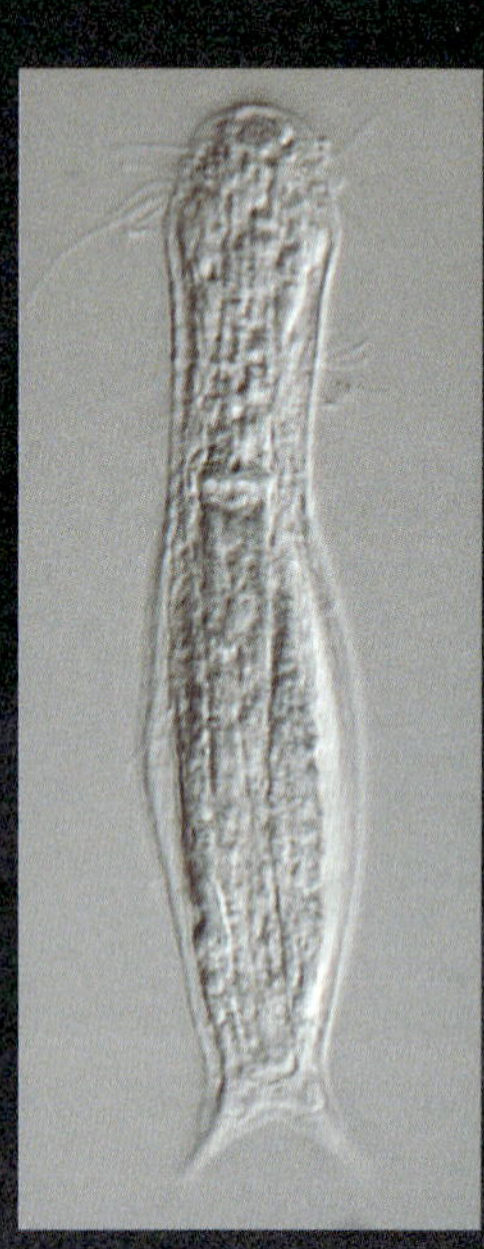

図j1-9

スジウロコイタチムシの典型的な鱗板。鱗板自体には楕円のものや６～８角形のものが見られる。

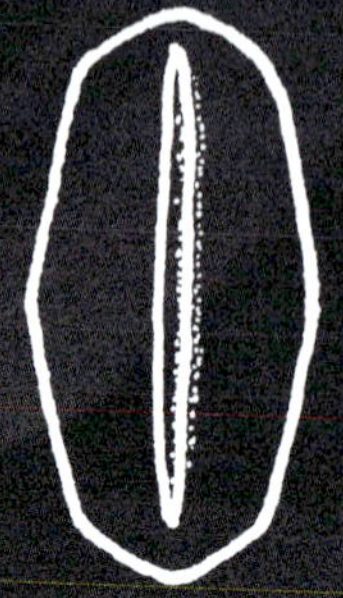

図j1-10

ハダカイタチムシの仲間（*Ichthydium* sp.）。日本では４種といわれているが、見分けるのは至難の技である。

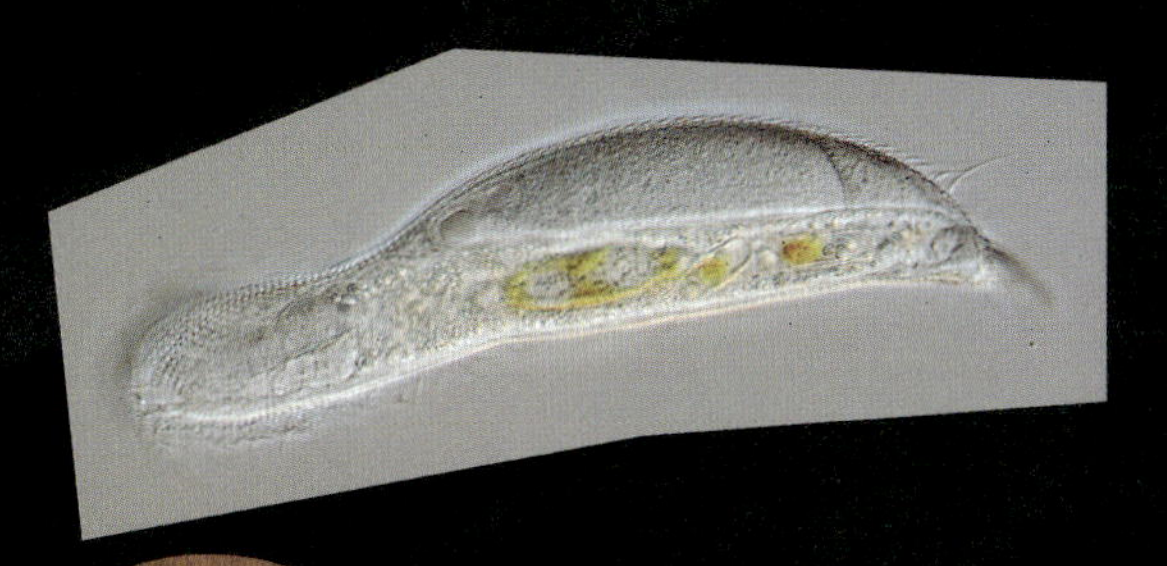

図j1-1
エウロコイタチムシの仲間（*Aspidiophorus* sp.）。観察するときは焦点深度の調整に気をつける必要がある属である。

図j1-2
エウロコイタチムシ属に特徴的なハスの葉状の鱗と棘。棘上部の多様性は高い。

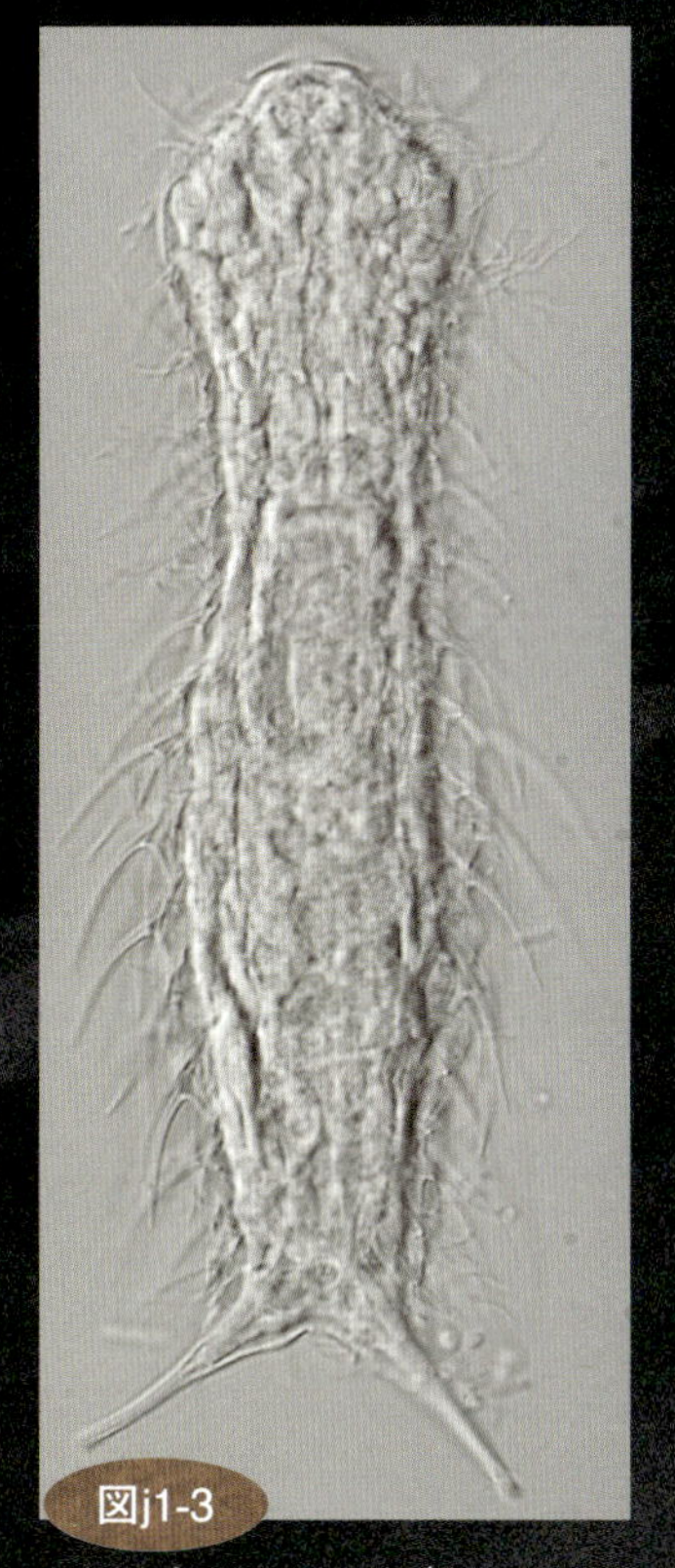

図j1-3
マチカネイタチムシ（*Chaetonotus machikanensis*）。典型的な *Chaetonotus* 属のイタチムシの形をしたイタチムシ。

図j1-4
マチカネイタチムシの鱗板の走査型電子顕微鏡写真（×10,000）。こちらも矢じり型の鱗に棘の生えた典型的な *Chaetonotus* 属のイタチムシの鱗である。

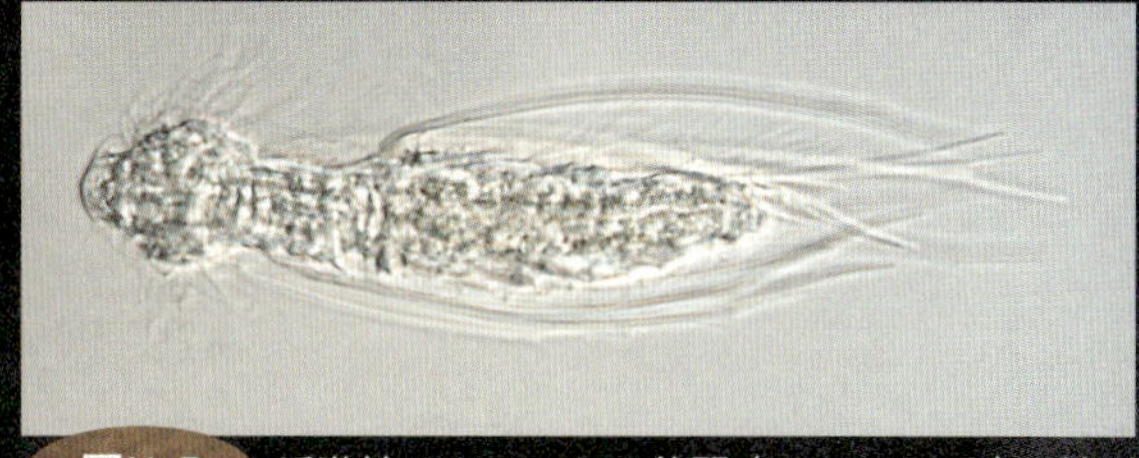

図j1-5
浮遊性イタチムシの仲間（*Dasydytes* sp.）。棘が長いタイプの浮遊性イタチムシ。底棲のイタチムシと見た目は異なるが、咽頭をはじめとした内臓は共通している。

スジウロコイタチムシ属（*Heterolepidoderma*）　その名のとおり筋の入った鱗板を持ったイタチムシである（図・j1−8・9）。小判形や六角形の鱗に縦方向の筋状の盛り上がり（keel）が入っているのが特徴である。この属の種は淡水では19種が知られているのだが、鱗の形にバリエーションが少なく、種レベルの同定がなかなか難しい属である。また、鱗板が見えづらい場合、keelを棘と見間違わないように気をつける必要がある。

ハダカイタチムシ属（*Ichthydium*）　その名のとおり、背側体表面に鱗板を一切持たないイタチムシである（図・j1−10）。他の属に比べると分類形質に乏しく、体形、体長、消化器官の比率、感覚繊毛の有無などが分類の指標になっているが、いずれも個体変異が大きく、全イタチムシ中でも屈指の同定の難しさを誇る。日本でも発見されているハダカイタチムシ（*I. podura*）は水草の洗い出しから比較的容易に発見される種であり、汚染環境や環境変動にも強く、培養向けである。

キジャネバロラ属（*Kijanebalola*）　頭部に特徴的な肉質の突起を持つ浮遊性のイタチムシである（図・j1−11）。浮遊生活のため、粘着管が不要になったため、粘着管が尾突起ごと完全に退化してしまっている。そのため後端はつるりとして、ボウリングピン型の体型に磨きがかかっている。体は非常に細かい棘を持った鱗板におおわれており、尾突起があったであろう場所にはやや長めの棘が生える。よく似た浮遊性の*Neogossea*属とは尾突起の痕跡が明らかに残っているため容易に判別できる。

ウロコイタチムシ属（*Lepidodermella*）　原則、棘のない扁平な鱗板でおおわれる。腹側の鱗板にはkeelを持つものや、ごく一部の種では数枚のみ棘を持つ例外的な種もいる。

この属の面白いところは生物顕微鏡で見た時と走査型電子顕微鏡で見た時で鱗板の重なり方が違って見えるところである。ウロコイタチムシ属の鱗板は前方に厚みがあり、後方ほど薄くなっている。そのため生物顕微鏡で観察すると鱗板の後端は薄くなりすぎて縁が見えず、下の鱗板の前端が透けて見えるため逆鱗のように見えるのである。一方、走査型電子顕微鏡では表面だけを見るので、薄い後端も問題なく見え、厚い前端が透けることもなく、普通の配置の鱗がちゃんと見えるのである。日本では，湖沼と水田から計3種が発見されており、このうち水田から発見されたカギウロコイタチムシ（*L. acantholepida*）は棘を持つ例外的なタイプである。ウロコイタチムシ（*L. squamata*）は、広く世界中に見られ、かつては実験動物として販売もされていたため、現在でも遺伝子を利用した研究ではよく使われている種である。

ネオゴセア属（*Neogossea*）　頭部に特徴的な肉質の突起を持つ浮遊性のイタチムシである。尾突起は退化しているが、先端に棘を持つ突起がかろうじて確認ができる。また、尾突起痕跡付近から長い多数の棘が生えており、遊泳中にはこれを閉じたり開いたりするようすが観察できる。日本で見つかる浮遊性イタチムシとしては*Dasydytes*属より*Kijanebalola*属に似た形態をしており、尾突起付近以外に長い棘は持たない。*Kijanebalola* 属との簡単な見分け方は尾突起の痕跡であり、こぶ状の痕跡が残る *Neogossea* 属に対して、*Kijanebalola* 属では痕跡が見られない。

ポリメルルス属（*Polymerurus*）　標準和名イタチムシである *P. nodicaudus* を含む属である。非常に特徴的な尾突起を持つグループであり、尾突起の長さは体長の3分の1を超し、複数の節状の構造を持っている。イタチを彷彿とさせる細長くくびれの少ない身体をくねらせるようにして生活している。

多くのイタチムシの属は似たタイプの鱗板を持つ一方で、この属は棘のある鱗板の種とない鱗板の種の両方が属しているため節のある長い尾突起が最大の特徴となる。長い尾突起に加え、非常に大型の種が多く、尾まで含めた体長は３００㎛を超すこともよくある。一時的であっても泳ぐのは苦手なようで、泥のサンプルから発見されることが多く、泳いでいる姿はほとんど見られない。

プロイクチディオイデス属（*Proichthydioides*）　鈴木實（１９７１）が記載した *Pr. remanei* の1種からなる。ハダカイタチムシ属と同様に全身に鱗板を持たないが、頭部の感覚毛、腹側の移動に用いられる繊毛が非常に長いこと、頸部だけでなく胴部の中央にもくびれが見られることが特徴である。

非常に珍しい種であり、残念ながら初記載以来いまだに採集されていない。見つけた場合はぜひ教えてほしいところである。

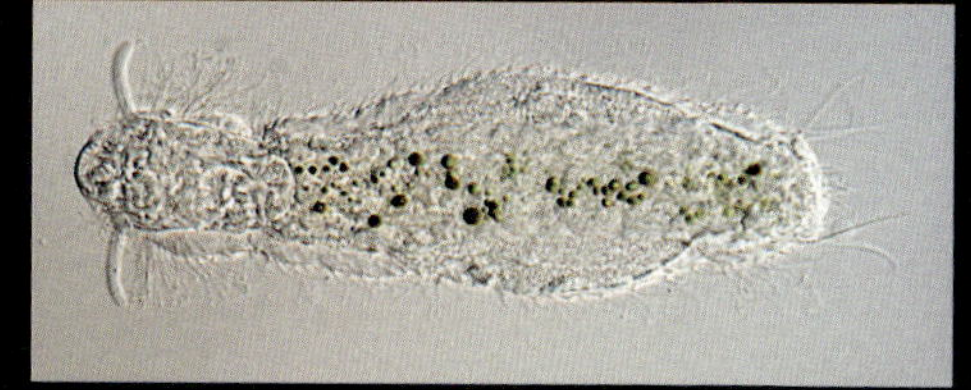

図j1-11
浮遊性イタチムシの仲間(*Kijanebalola* sp.)。尾突起は完全に棘に置き換わっており、痕跡すら残っていない。

図j1-12
ウロコイタチムシ(*Lepidodermella squamata*)。世界各地で見られるイタチムシ類であり、もっとも研究の進んでいる種である。

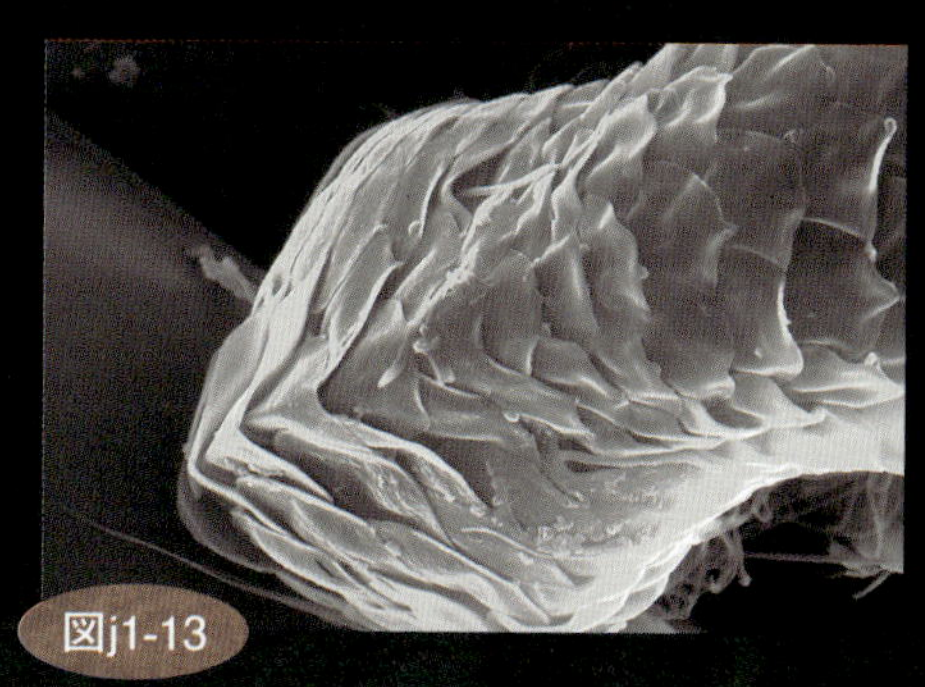

図j1-13
ウロコイタチムシ(*Lepidodermella squamata*)の頭部の走査型電子顕微鏡写真(×3,500)。光学顕微鏡では逆鱗に見えるが、実際は魚と同じような配置になっている。

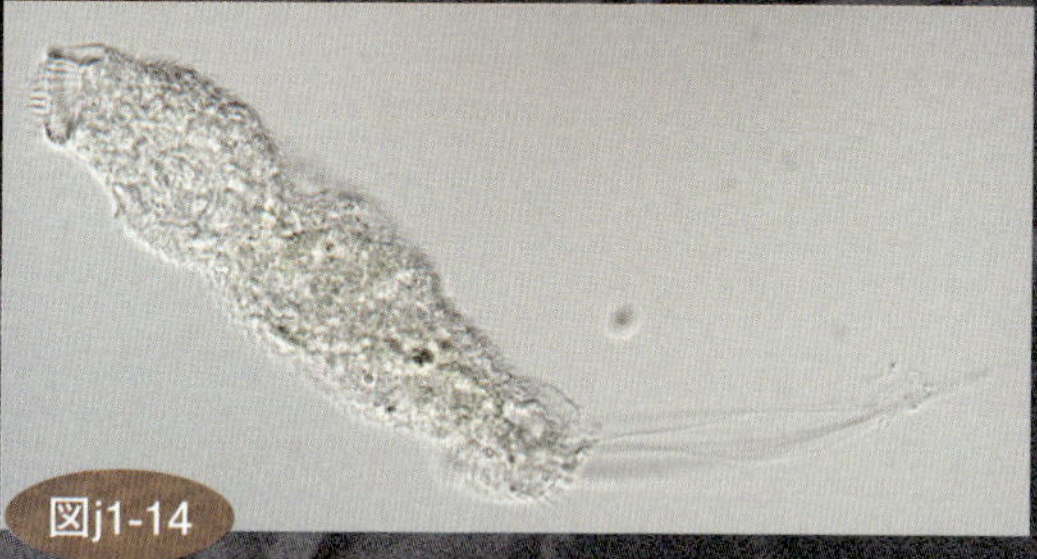

図j1-14
浮遊性イタチムシの仲間(*Neogossea* sp.)。浮遊性の中では比較的尾突起の痕跡がはっきりと見える種である。

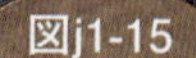

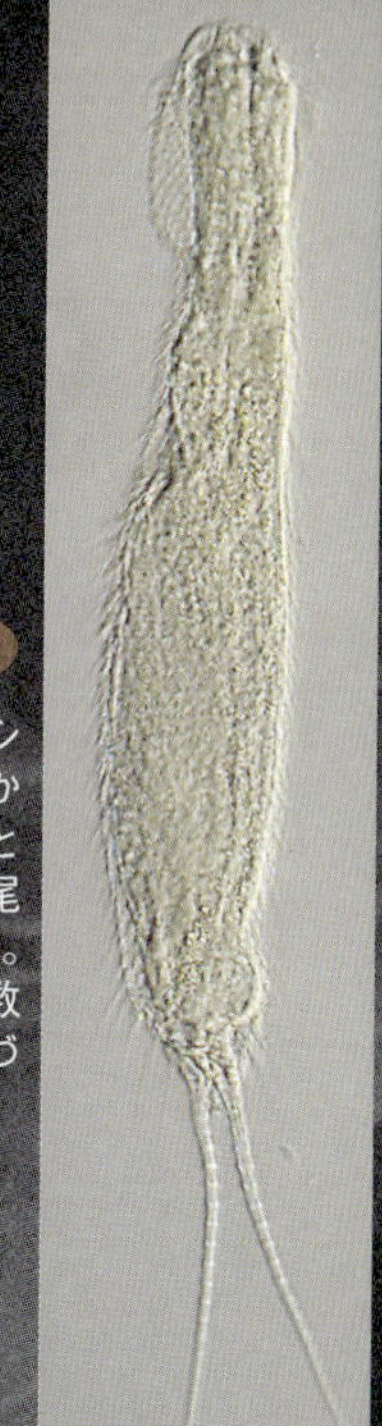

図j1-15
和名イタチムシのイタチムシ(*Polymerurus nodicaudus*)。かつては *Chaetonotus* 属にまとめられていたが、特徴的な尾突起をもつため分けられた。属名の“*Polymerurus*”も多数の節をもつ尾の特徴から名づけられている。

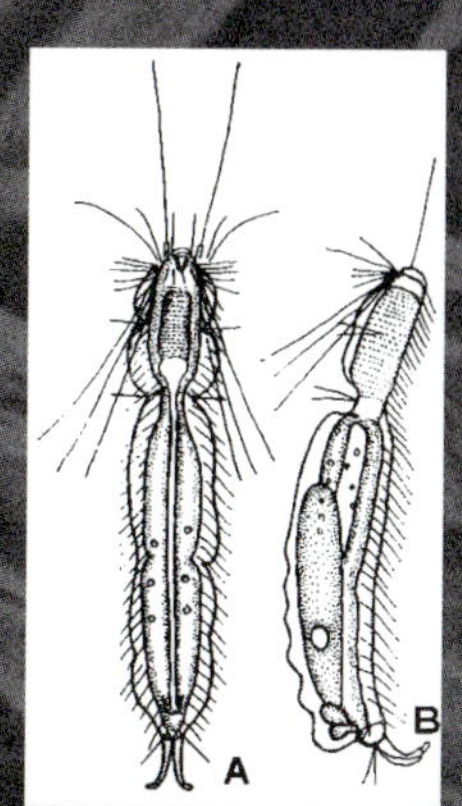

図j1-16
志賀高原で記載したイタチムシ(*Proichthydioides remanei*)のスケッチ。ハダカイタチムシと浮遊性イタチムシの中間のような形態をしている。

09 イタチムシ類の遺伝子解析

DNA配列から見たイタチムシの仲間たち

近年のDNA配列を用いた分子系統解析によって所属不明とされてきた多くの小さな生き物たちが何に近いのか、何の仲間なのか徐々に判明しつつある。イタチムシとその近縁な生き物たちの変遷を見ていこう。

現在のイタチムシの位置

腹毛動物門イタチムシ（毛遊）目に属する生き物がイタチムシと呼ばれるグループである。同じ門内にはオビムシ（帯虫）目があり、腹毛動物には2目680種ほどの種が知られている。（図k1-1）

袋形動物門（表k1-1）

かつてイタチムシは袋形動物門という分類群に属していた。この動物群は「擬体腔をもつ」という形質でまとめられており、イタチムシ類（腹

表k2-1 袋型動物門（Aschelminthes）に含まれていた動物達。

現在の分類群	代表的な生き物
腹毛動物 (Gastrotricha)	イタチムシ、オビムシ
輪型動物 (Rotifer)	ワムシ
線形動物 (Nematoda)	センチュウ
類線形動物 (Nematomorpha)	ハリガネムシ
動吻動物 (Kinorhyncha)	トゲカワムシ
鰓曳動物 (Priapulida)	エラヒキムシ
鉤頭動物 (Acanthocephala)	コウトウチュウ

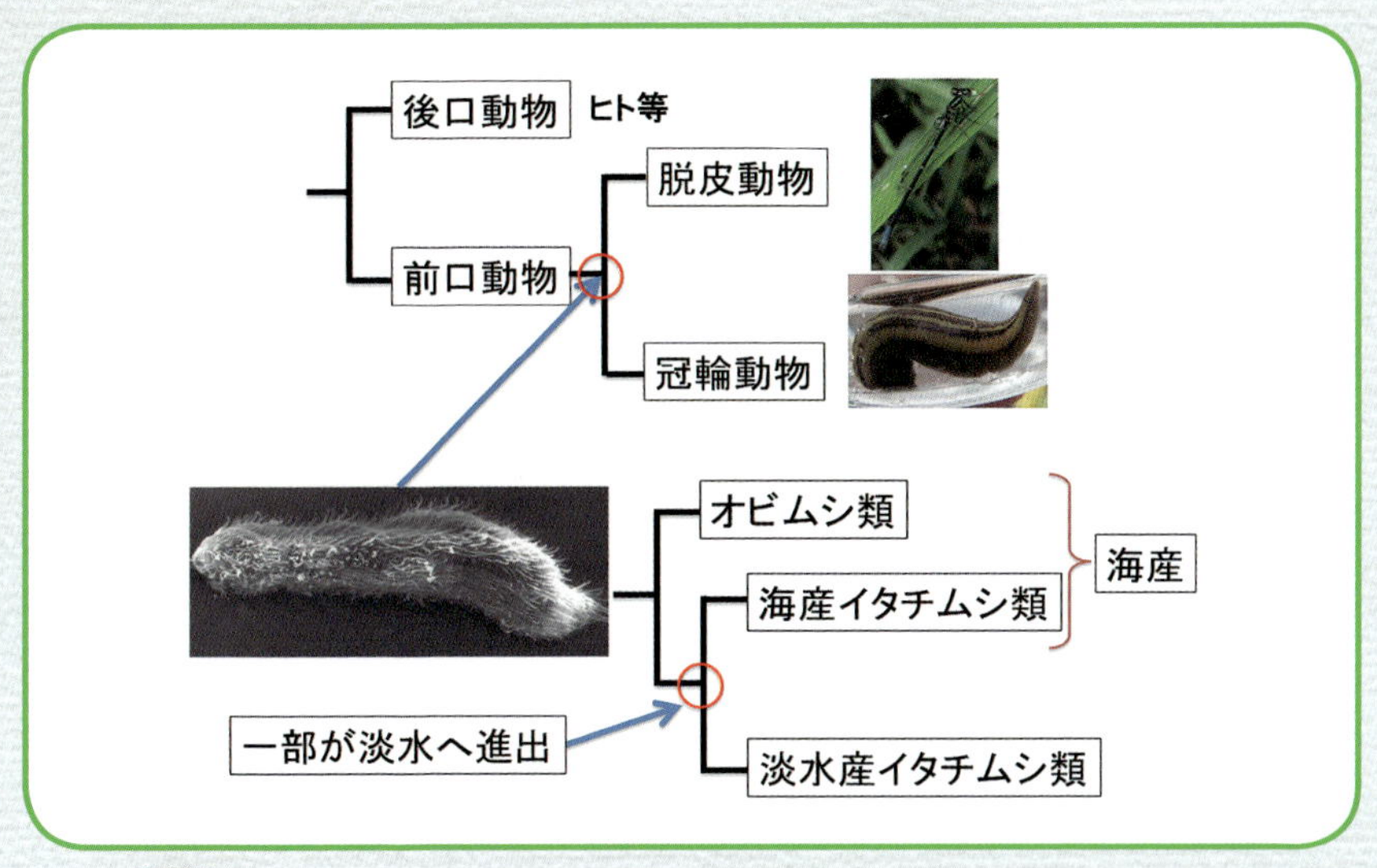

図k1-1 イタチムシ類の系統関係。冠輪動物と脱皮動物の分岐に近い原始的な冠輪動物である。また、主に海産であるオビムシから分岐し、淡水へ進出していったと考えられている。

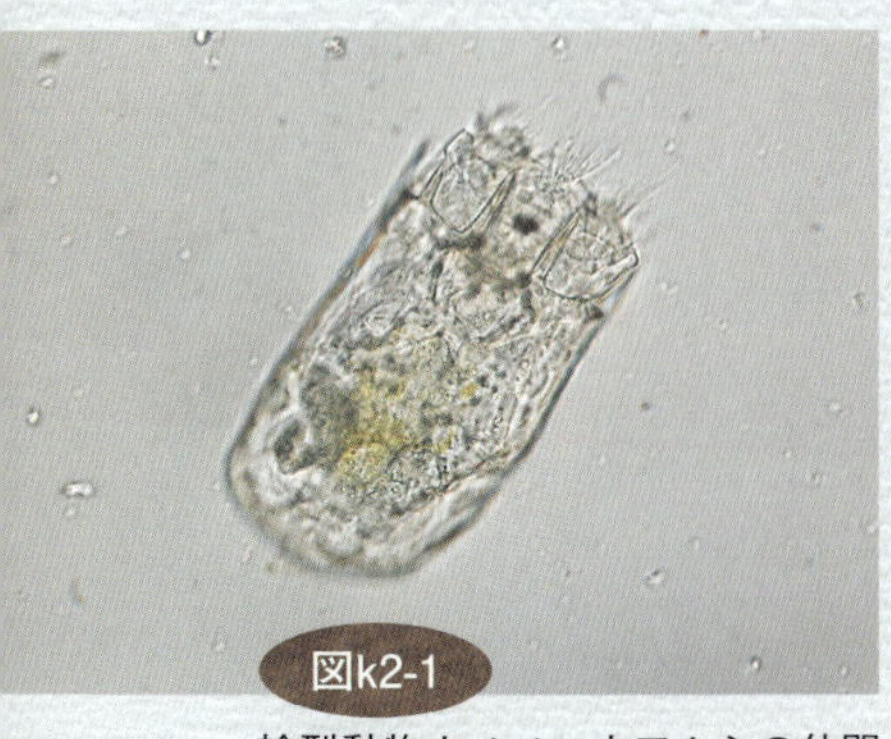

図k2-1 輪型動物カメノコウワムシの仲間（*Keratella* sp.）。甲羅の亀甲模様が特徴だが、生体では観察しづらいのが難点である。

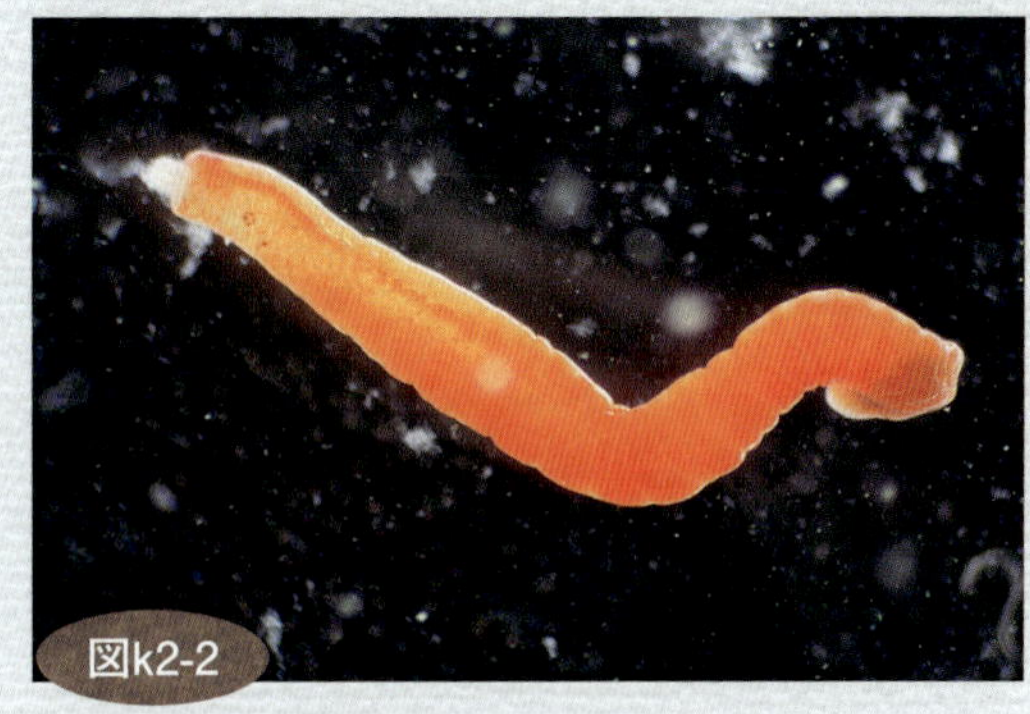

図k2-2 鉤頭動物サンマコウトウチュウ（*Rhadinorhynchus selkirki*）。サンマから比較的簡単に採集できるコウトウチュウ。人には無害なので食べても問題はない。

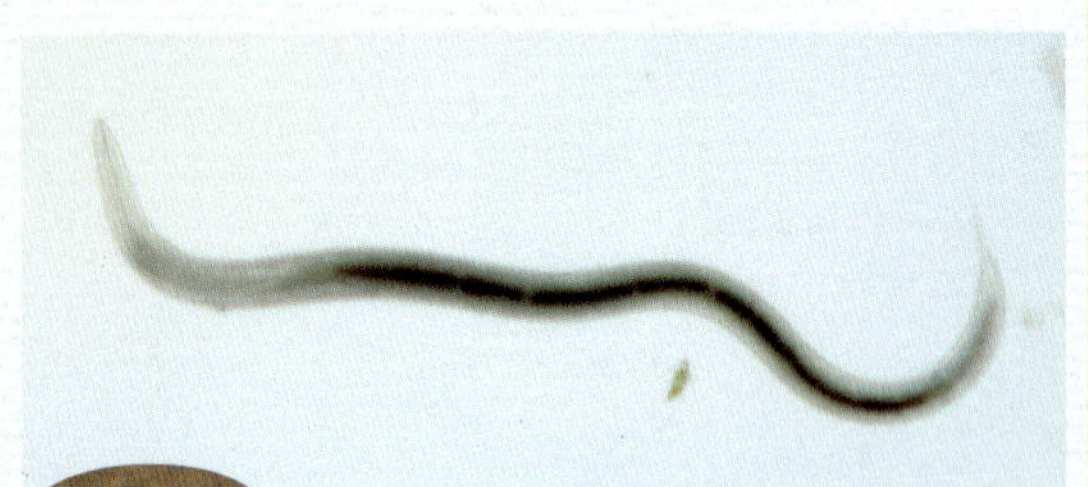

図k2-3

線形動物センチュウの仲間。モデル動物として知られるシーエレガンス（*Caenorhabditis elegans*）もこの仲間である。

図k2-4

動吻動物トゲカワムシの仲間。漢字では棘皮虫と書くがウニやナマコなどの棘皮動物とまぎらわしいので、こちらはキョクヒチュウではなくトゲカワムシと呼ばれることが多い。

図k3-1

畔で喧嘩をするアシナガグモの仲間。水田で見られる代表的な脱皮動物。水生昆虫やミジンコ類なども もちろん脱皮動物である。

図k3-2

水田観察会で採集されたセスジビル（*Whitmania edentula*）。水田で見られる代表的な冠輪動物。ミミズ類や扁形動物類、貝類がよく見つかる。

毛動物)、ワムシ類(輪型動物)、コウトウチュウ類(鉤頭動物)、センチュウ類(線形動物)、ハリガネムシ類(類線形動物)、トゲカワムシ類(動吻動物)、エラヒキムシ類(鰓曳動物)などを含む非常に大きな分類群であった。しかし、近年では擬体腔という特徴が進化の過程で二次的に複数回に渡って出現した形質であることが明らかになり、この分類群は今ではほとんど使われることはなくなってしまった。

脱皮する生き物としない生き物(図k3-1・2)

袋形動物がバラバラになったのは遺伝子配列を用いた分子系統解析が原因である。そしてこの解析によって現在主流になっている旧口動物の新たな分類群が現れている。それが「脱皮動物」と「冠輪動物」である。18sリボソームRNA遺伝子という遺伝子を用いた分子系統解析の結果に基づいて作られた、これらは「門」の上の分類群として上門と呼ばれるグループを作っている。遺伝子解析で分けたわりに「脱皮」という形態形質の名前がついているのは、分けた後に、名づけのための共通する形態形質を探したためである。「冠輪」のほうは想像しづらいかもしれないが、幼生が持つ環状の繊毛に由来している。

もっともこちらはすべてが持っている形質ではない場合もある。形態形質で名づけることは分類する上での指標となるし、何より遺伝子解析より素早く見分けることができる。ただし、形質は可能なかぎりすべてに共通する普遍的なものから慎重に選ばなければいけない。

スベスベケブカガニやトゲナシトゲハムシのようなアイデンティティが崩壊した名前になってしまう可能性があるためである。

名前が後づけにしろ先づけにしろ、最近の分類自体はこのような系統学を反映した分類学による分類方法が最近では使われつつある。そしてイタチムシが属する腹毛動物はこの2大分類群の分かれ目にいるのである。

イタチムシと系統進化

イタチムシ類は遺伝子解析からは「冠輪動物」に分けられる一方で、形態では「脱皮動物」と共通するところを多く持つ。また、冠輪動物に分けられこそするが、脱皮動物と比較的近い、「原始的な冠輪動物」という立ち位置にいる。

つまり、脱皮動物的な見た目をしつつ、冠輪動物という生き物がイタチムシなのである。イタチムシ類自体が遺伝子解析には向かないため、これまでほとんど遺伝子解析を用いた研究がなされてこなかったが、一部の種ではゲノム解析も進んでおり、今後、イタチムシ類を元に、この新たな分類群がどのように分かれてきたかが明らかになるかもしれない。

遺伝的に近い生き物たち

現状イタチムシにもっとも近いとされる生き物、それがワムシ類である。水田の項でも見た目が似ているという話をしたが、遺伝子で見てもやはり似ているのである。体の作りも多核化した表皮（シンシチウム）を持つという共通項からシンデルマータというくくりでイタチムシといっしょにくくられたこともある。また、巨大な卵を作るといった共通点も持っている（図k5-1）。

遺伝的に近く多核化した表皮を持つという点では袋形動物で紹介した鉤頭虫類もそうである。なかなか聞きなれない名前だと思うが、頭部に鉤状の棘を多数持った細長い寄生虫の仲間である。脊椎動物、無脊椎動物問わず、非常に幅広い寄生先を持ち、時に人間に寄生することもある。寄生虫の中ではかなり見つけやすいほうであり、サンマの内臓を透かして見るとよく赤く細長いものが見えるが、これがサンマコウトウチュウである。このサンマコウトウチュウは目立ちこそするが、食べてしまってもまるで問題がないので安心してほしい。

似ても似つかないが遺伝子的には近いとされるのが扁形動物である。こちらもワムシ類同様水田でも見られる生き物である。どちらも繊毛を使って移動し、種によっては粘着管を持つという点で似ていないことはないのだが、それほど大きな共通点はない。ただ、扁形動物の一種であるナミウズムシは遺伝子解析も進んでおり、イタチムシを含めた冠輪動物の原始的なグループを解析する上で非常に重要な生き物である。

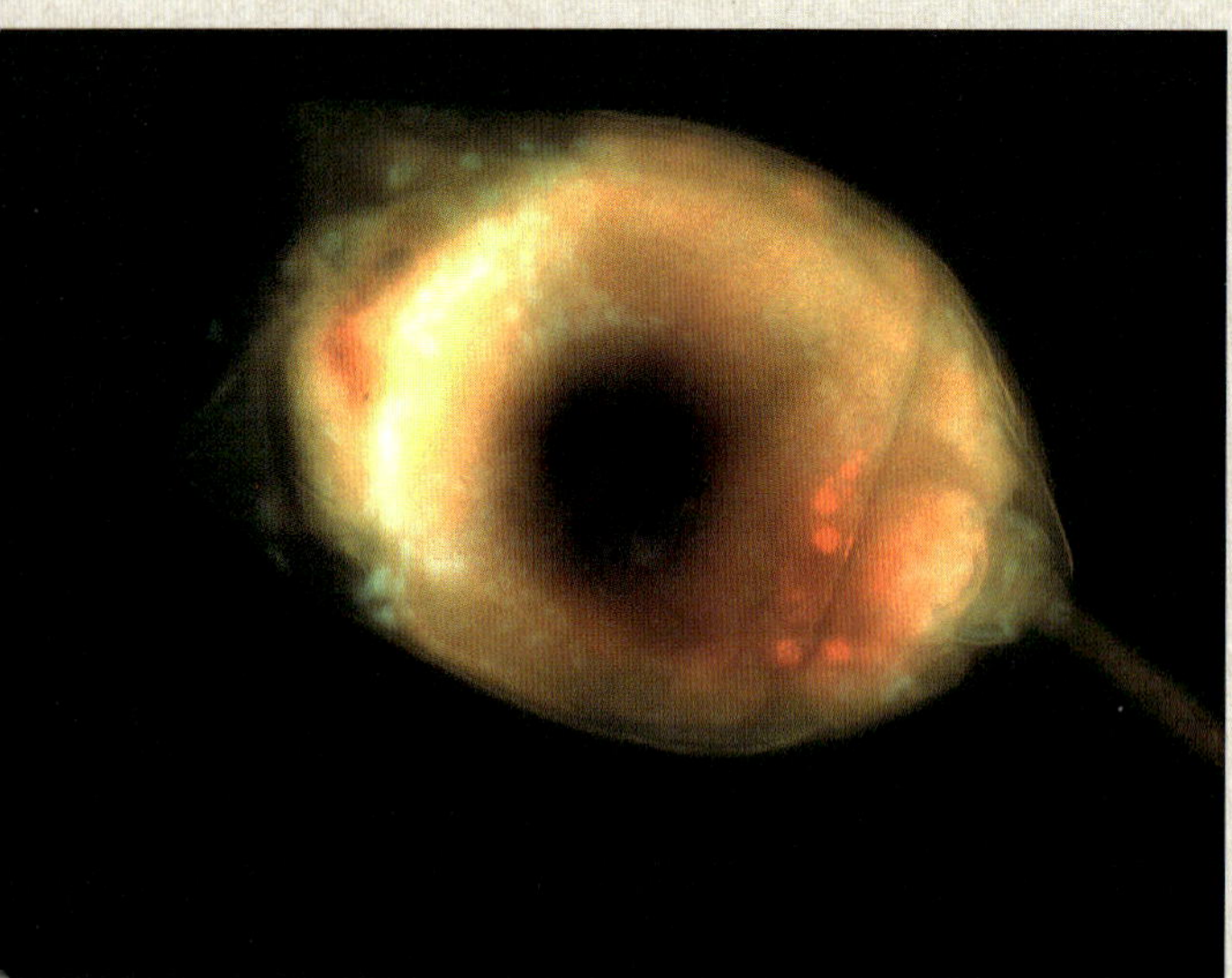

図k5-1

ツボワムシの仲間のDAPI染色（核の蛍光染色）写真。表皮の面積の割に青く光る核が少ないことがわかる。

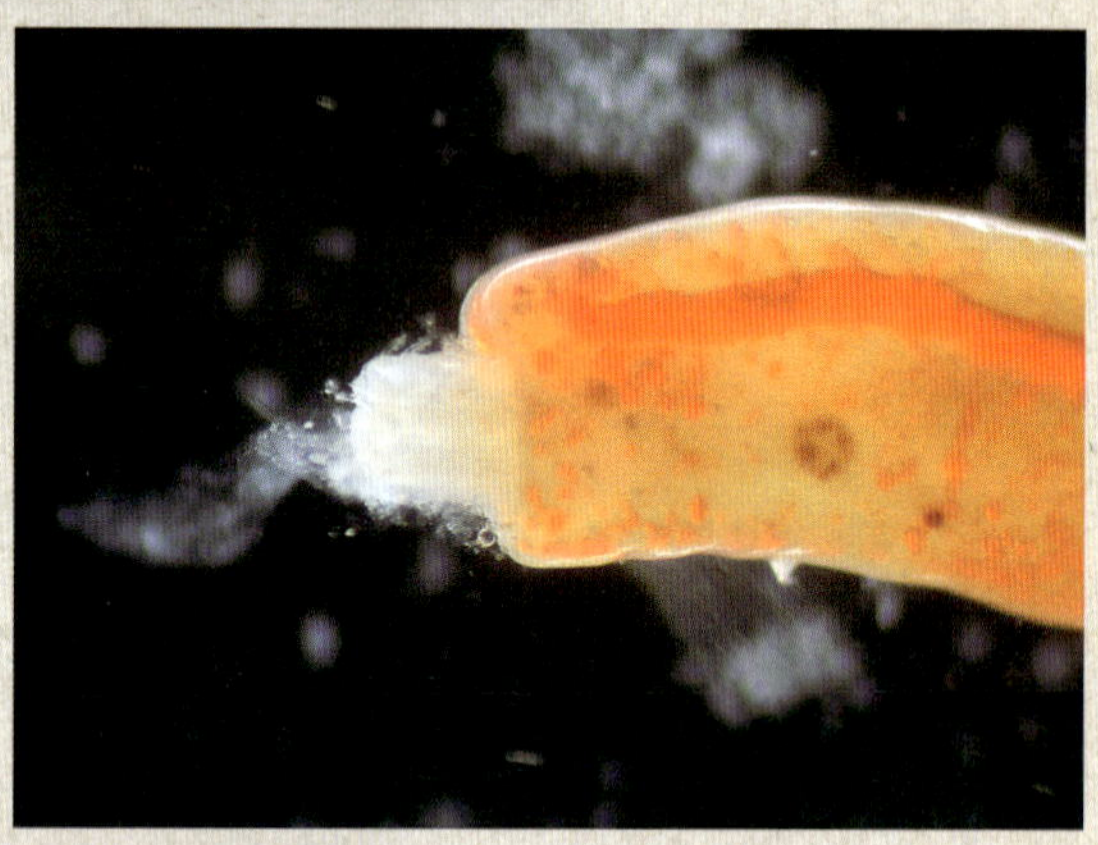

図k5-2

サンマコウトウチュウの頭部（*Rhadinorhynchus selkirki*）の拡大写真。白い吻に鉤状の返しがついていることがわかる。

図k5-3

淡水性の外肛動物、コケムシの一種。アパートのような群体を作り、そこから触手冠を出して餌を捕食している。

外肛動物と内肛動物という生き物がいる。前者がコケムシ、後者がスズコケムシと呼ばれる生き物であり、よく似ているのだが、門レベルで異なる分類群の生き物である（図k5-3）。どちらも多くの種は群体を作って、固着生活をしており、イソギンチャク状の個虫が触手に生えた繊毛によって水流を起こし、流れてきたものを餌として食べている。この時、触手は口の周囲を囲うように生えるのだが、この触手冠の外に肛門があるのが外肛動物で、触手冠の内側に肛門があるのが内肛動物である。

スズコケムシは海産種のみでなかなかお目にかかれないが、コケムシは淡水海水問わず、岩や植物表面に付着しているものがよく見つかる。また、オオマリコケムシのように直径数十センチにもなる巨大なマリ状の群体を作るものもいる。

イタチムシ類は、かつて袋形動物と呼ばれていた生き物のうち、ワムシ類、鈎頭虫類は遺伝的にも近縁であるといわれている。また、線虫類や類線形動物類は脱皮動物の中でも原始的な位置にいるといわれており、同じく冠輪動物の原始的な位置にいるイタチムシ類とも関連が深い。いい加減にまとめられていたとされる袋形動物もイタチムシから見てみれば、そこまで的をはずした分類群ではなかったのかもしれない。

しまっている。

かといってまったく使われていないわけではない。ダニ類では雌雄で大きく形態が異なり別種とされていた種の同一性が確認されたり、ギボシムシや寄生性橈脚類のような幼生期と生体期で大きく形状の変わる生物での親子関係が明らかになったりするといった成果があがっている。また、系統を反映した分類は生物の進化を考える上で非常に重要である。

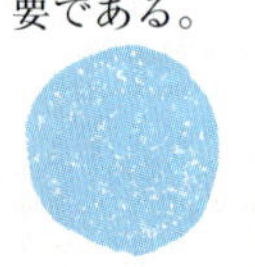

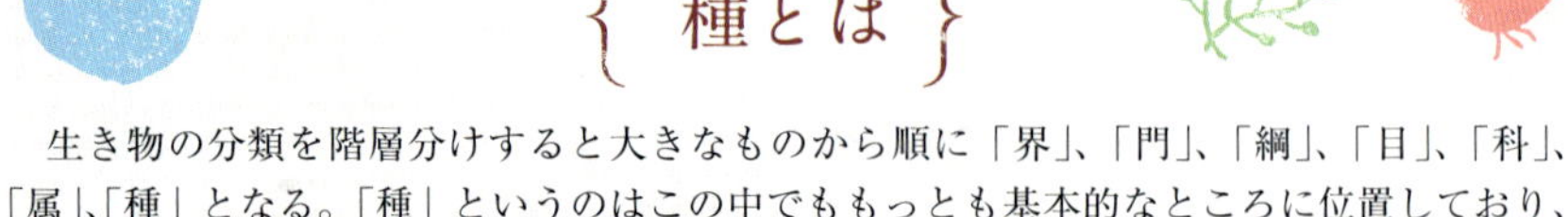

種とは

生き物の分類を階層分けすると大きなものから順に「界」、「門」、「綱」、「目」、「科」、「属」、「種」となる。「種」というのはこの中でももっとも基本的なところに位置しており、生物分類上重要な概念である。

よく知られている定義はマイヤーによって提唱された生物学的種概念であり、簡単にいえば「交配させて孫世代を残せること」を同種の条件にしている。なぜ孫世代なのかといえば、子世代は以外と近縁種であれば残せるからである。ライオンとトラのライガー、ロバと馬のラバ、ライオンとヒョウのレオポンなどが雑種として知られているが、いずれも生殖能力を持たない不稔性の個体であり、孫世代を残すことができない。つまり、「種」としてその生物が続かないのである。

この種概念の難点は有性生殖を前提としているところである。実際多くの生物が有性生殖を行うし、単細胞の生物であっても同種間で接合を行うことがわかっていることから定義として非常に実用的である。ところが、ニハイチュウやイタチムシ、一部のミジンコなど有性生殖を行わなくなった生き物も世の中には存在している。また、イシガメとクサガメのように一部の種では雑種が稔性を持つことも確認されている。そこではまた別の種概念が必要になってくるのである。

種概念自体は他にもさまざまなものが提唱されているが、全体としてやはり生殖がらみが多い。形態的種概念では、特に重視される形態は生殖器の形態であり、地理的、生理学的種概念では個体群同士の隔離や生殖時間のずれを分類基準として挙げている。これらにより、生殖器の形が生殖の可不可に大きく関わってくる節足動物や、地理的に隔離されているニホンザルとタイワンザル、まだ正確には種として分けられていないが、マボヤの一部は放精放卵の時間のずれができているといわれており、朝ボヤと呼ばれるものが出てきていたりする。

最近では遺伝子配列を利用したものがあり、見た目は同じだが、遺伝子配列を比較した時、別種個体との配列差より大きな差がある隠蔽種の存在が知られるようになってきている。とはいえ、同種間であっても配列にはいくらかの差は存在する上、何パーセント異なれば別種とするかに明確な線引きはない。

現在イタチムシでは種記載の際には主に鱗や感覚毛の数など形態形質の明らかな差を持って別種としている。生殖を行わない生き物ではどのように種を定義することが合理的か議論する必要があるだろう。

ゲノム、遺伝子、DNAの違い

ヒトゲノムや遺伝子解析、DNA鑑定といった言葉で日常にも馴染みつつあるこれらの言葉であるが、その違いは何かと問われるとなかなか正確に答えられないものである。

細胞の核に収まっているゲノムは「人体の設計図」と呼ばれることもある。この表現はゲノム、遺伝子、DNAを説明するのに実によい表現である。設計図とはどのようなものかといえば、紙でできており、そこに何を、どのような組み合わせで、どのような順番で作るかが書かれているものである。ゲノムとはその生物を構成するDNA配列1セット分のことであるので、この設計図そのものである。ちなみにヒトは2倍体であり、父母から受け継いだ合計2セット分のゲノムを持っている。DNAはデオキシリボ核酸と呼ばれる化学物質であり、このゲノムを形作っているもの、すなわち設計図のうち紙とインクである。では遺伝子とは何か、ゲノムとは違うのかというと、ゲノムのうち、タンパク質をコードしている部分が遺伝子である。ゲノムにはタンパク質の設計が載っている部分と「余白」に当たる「遺伝子間領域」があるのだ。この遺伝子間領域は完全なただの余白というわけではなく、その一部には遺伝子を「いつ」、「どれぐらい」働かせるかという順番に当たる情報が盛り込まれている。

このように、DNAという素材でできた、ゲノムという設計図は、遺伝子という図面を、遺伝子間領域に従って働かせているのである。そして一般に「同一種」かどうかの判断には変化の起きにくい遺伝子領域を、「同一個体」かどうかの判断には変化の起きやすい遺伝子間領域が使われる。前者が遺伝子を利用した系統解析、後者がDNA鑑定である。

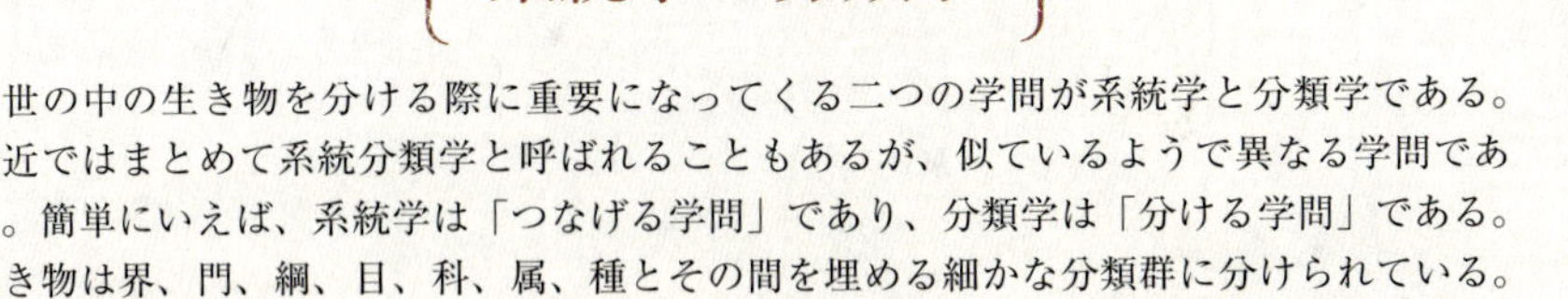

系統学と分類学

世の中の生き物を分ける際に重要になってくる二つの学問が系統学と分類学である。最近ではまとめて系統分類学と呼ばれることもあるが、似ているようで異なる学問である。簡単にいえば、系統学は「つなげる学問」であり、分類学は「分ける学問」である。生き物は界、門、綱、目、科、属、種とその間を埋める細かな分類群に分けられている。この分類群のどこに所属するかを決めるのが分類学であり、分類群同士を近縁遠縁でつないでいくのが系統学というわけである。

かつてはどちらも形態形質、すなわち見た目による分類、関係づけを行っていた。ところが、近年では特に系統学で遺伝子解析による飛躍的に発展があり、脱皮動物と冠輪動物、チンウズムシ類などの新たな分類群の出現や既存分類群内の再編成が活発に行われている。

系統学に関しては非常に強力なツールとなった遺伝子解析であるが、分類学ではなかなか使い勝手が難しい。分類において重要なのは「同一性の確認」である。遺伝子自体がある程度個体レベルで変化してしまうこと、そもそもその生き物の基準となる標本からゲノムを得ることが難しかったり、ゲノム情報を図鑑に載せたところで利用しづらいといったりして、一般レベルでも利用される分、形質としては扱いにくいものとなって

10 イタチムシの起源

イタチムシとオビムシ

遺伝子を使った解析から、イタチムシ類を含む腹毛動物は冠輪動物の原始的なグループに入りそうだということがわかってきている。そしてイタチムシと同じ腹毛動物門に含まれるオビムシに関してはオビムシのほうがより原始的であろうということがいわれている。

遺伝子解析の結果を信じるのであればイタチムシ類は冠輪動物が別れた直後に、まずオビムシが現れ、その一部がイタチムシへと進化していったという流れになるだろう。13ページの福井の図や咽頭の断面図（図1-1-1）からもわかるようにイタチムシとオビムシは非常に似ているが、形態から簡単に分けることが可能である（表1-1-2）。

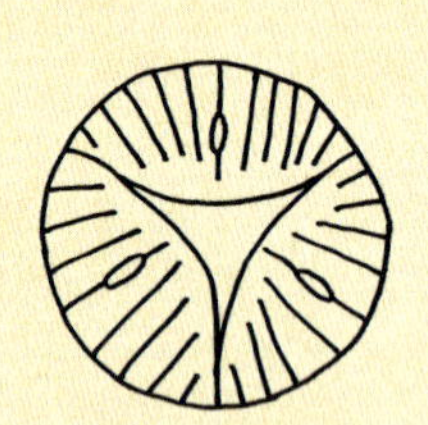

図1-1-1

オビムシ（左）とイタチムシ（右）の咽頭の断面図。オビムシでは逆Ｙ字の断面に加えて咽頭の途中で体側方へ抜ける咽頭孔と呼ばれる構造が見られる。

表1-1-2　イタチムシとオビムシの違い。

形質	イタチムシ	オビムシ
生息場所	淡水海水両方	２種を除き海産
咽頭孔	なし	あり
咽頭断面	Ｙ字型	逆Ｙ字型
粘着管	主に尾突起のみ	全身
生殖	海　産：有性生殖 淡水産：単為生殖	有性生殖

太古のイタチムシ

微化石と呼ばれるカイミジンコや有孔虫などの小型の生物の化石は多く出ている。理想をいえばイタチムシの化石もあればよいのだが、残念ながら硬い殻を持たなかったイタチムシ類の化石はいまだ見つかっていない。そのため現物を見て、どのような変化があったかを見ることはできないが、遺伝子解析の結果からは海産種がより原始的であるということがいわれている。

2種を除きすべて海産であるオビムシは刺々しい鱗や多くの粘着管を備えたサボテンのような形をしており、海産のイタチムシ類も、オビムシほどではないが、刺々しい形態を持ったものが多い。

太古の海の中、オビムシから分岐したばかりのイタチムシたちは今のものより、刺々しい鱗と尾突起以外にも多くの粘着管を備えていたかもしれない。

海から湖沼へ、湖沼から海へ

イタチムシ類は現在、淡水海水の両方におり、ちょうど半々ぐらいの種数がそれぞれの場で暮らしている。

イタチムシの起源が海産のオビムシ類となるとイタチムシ類は海から湖沼へと進出していっ

たことになる（図13-1・2）。海水と淡水を行き来する上でもっとも重要になるのが浸透圧に対する耐性の差である。体内の浸透圧調整機能の弱い生き物は、往々にして外界と自身体内の浸透圧を合わせることで内外の水の出入りをコントロールしている。イタチムシ類は原腎管という原始的ではあるが、尿を作るための器官は持っている。一般に海水と淡水では必要になる制御が逆になっている。浸透圧の高い海水に対しては水分を失わないように水を再吸収しミネラルを排出する方向に制御するのに対して、浸透圧の低い淡水では逆に水分を排泄する方向に制御する必要がある（図13-3）。淡水と海水の混じる汽水域でもイタチムシ類の発見の報があるため、このような場所を緩衝地帯（かんしょう）として使い、徐々に淡水へと適応していったことは予想できる。しかし、魚と違ってイタチムシ自身は流れに逆らって川を遡上（そじょう）できるほどの力はない。いったいどのような方法と経緯で淡水へ侵入したのか、実に興味のつきないものである。

イタチムシ類内部の系統関係はまだ完全には明らかになっていないが、同じ属でありながら淡水産と海水産の両方が存在していることや、形態をベースとした系統解析から、一度淡水へ適応した属がまた海へと回帰している可能性が示唆（しさ）されている（図13-4）。

単純に川伝いに流されてきたのちに再び適応したのか、新天地を探して適応したのか、回帰した経緯はまるで不明ではあるが、淡水への進出、海水への回帰、いずれも大きく身体の作りを変化させる必要がある。

どのイタチムシがどのような経路をたどって今のすみかへとたどり着いたかを明らかにすることで、どのような変化が生じれば、小型生物の淡水、または海水への適応が可能となるか知ることができるだろう。

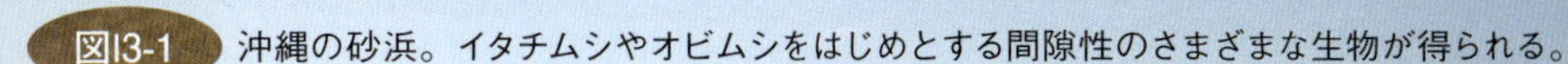

図13-1 沖縄の砂浜。イタチムシやオビムシをはじめとする間隙性のさまざまな生物が得られる。

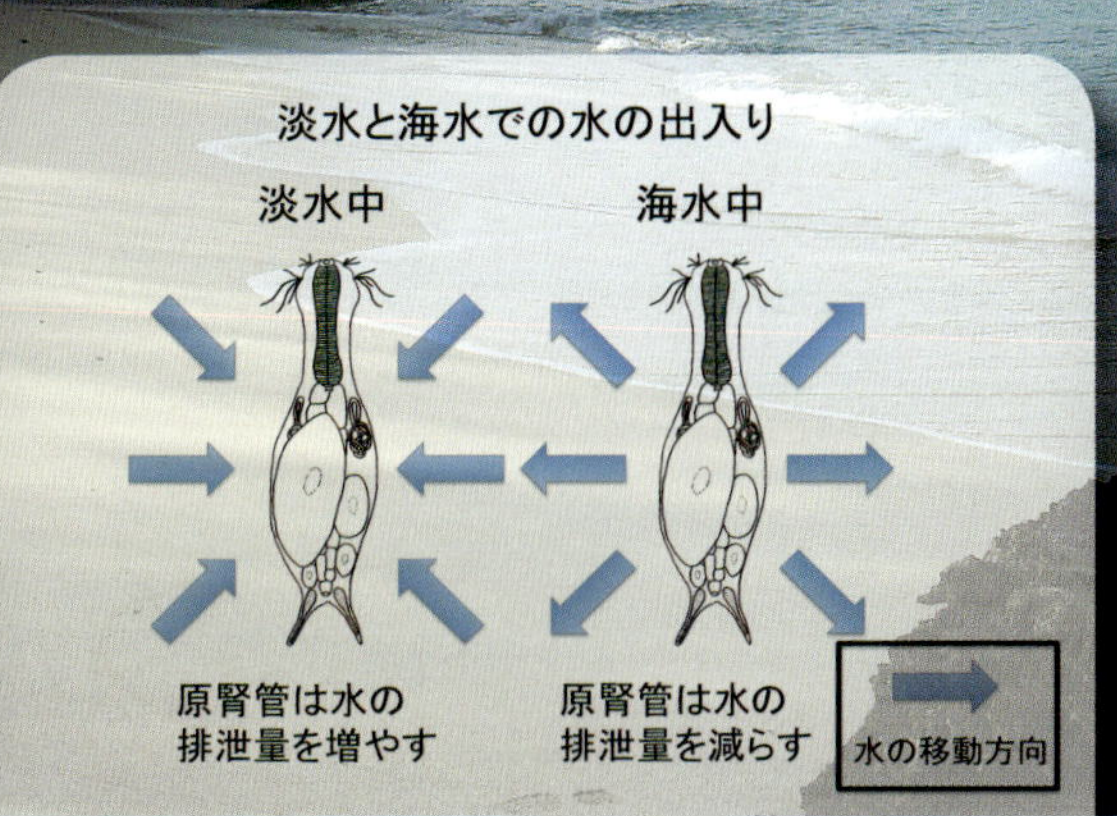

図13-3 淡水（左）と海水（右）での水のやり取りの模式図

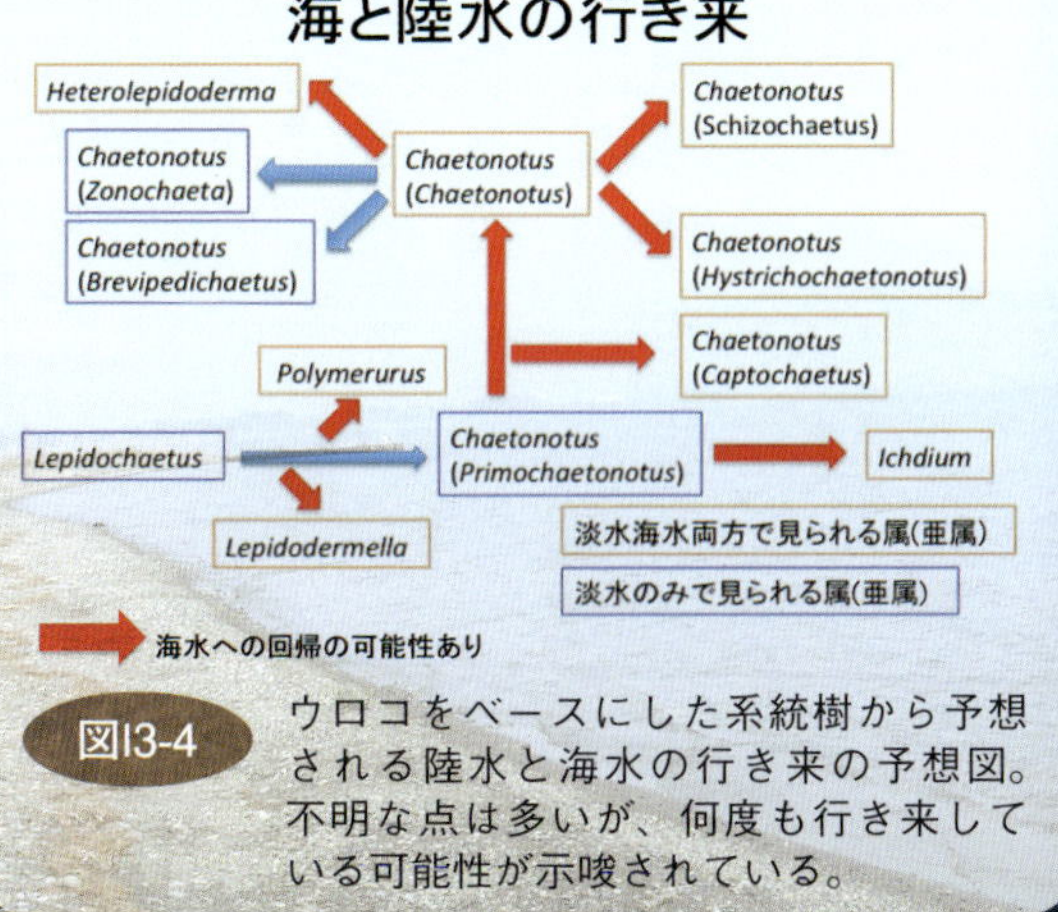

図13-4 ウロコをベースにした系統樹から予想される陸水と海水の行き来の予想図。不明な点は多いが、何度も行き来している可能性が示唆されている。

図13-2 琵琶湖の砂浜。やや礫の多い場所だが、こちらもウロコイタチムシをはじめ、多くの間隙性生物が生息している。

淡水で生き残るために

イタチムシ類の起源が海産種にあるという話をしたわけだが、その形態にはやはり差が表れている。現在までにわかっているその「変化」と「傾向」を紹介しよう。

淡水における生存、繁殖、分布拡大と大いに役立っている性質として「単為生殖(たんい)」がある。まず、淡水の水場は海に比べて圧倒的に干上がりやすい。小さな池や水田にもすんでいることを考えると、常にそこが干上がってしまうリスクを抱えているといえる。そのため、孵化後悠長に別個体を探している時間すら惜しんでいるのである。

また、一般に底棲であるイタチムシの移動法、水底をはうという方法は、そこまで移動力に優れないうえ、採集するかぎり決して自然状態では高密度に存在している生き物ではない。何十匹というミジンコやワムシが捕れる中でイタチムシは数匹ということもざらである。海産種でさえ交尾こそすれほとんどが雌雄同体であり、とりあえず2匹がであえれば子孫が残せるという状態である。迅速に、かつ低密度であっても子孫を残せるようにするには単為生殖という方法が一番適しているのである。

そして、単為生殖を行うようになるという変化は、分布の拡大を容易にしているという点で、イタチムシにとって重要な生存戦略である。海とは異なり、陸水の水域は独立して存在しているため、じわじわと分布を広げていくということが難しい。ある水域から別の水域へ移る際には、高確率で水のないところを移動する必要がある上に、繁殖に交尾が必要な生き物の場合、最低2匹、雌雄同体でなければそれがオス・メスの組み合わせでなければならないという制限がどうしても発生してしまう。つまり、通常であれば「最低でも2個体の性別の異なる個体が同時期に存在し、かつであって繁殖する」という条件が単為生殖であれば、「1匹が侵入し、繁殖する」まで簡略化できるのである。

とくに水のない場所を移動する際には耐久卵やシストという形をとり、他の生き物にくっついて渡ることになるのだが、無事に水場にたどり着いたとして、耐久卵がちゃんと発生できるかという問題が出てくる。少ない個体数と低密度でも増殖可能であるがゆえに、南北大東島のような海洋島でも日本本土と同じイタチムシが生息しているのである。

とはいえ良いことばかりではない。

イタチムシの場合、単為生殖であるため、遺伝子の多様性が極端に低い。現在までに何種かの淡水産イタチムシで環境変動によって精子が生産されることが確認こそされているが、自家受精を含めて積極的に有性生殖を行っている事実は確認されていない。

そのため、ひとたび環境が合わなくなるとあっという間に全滅してしまう恐れがある。この環境変動に伴う絶滅は培養環境下でも数千匹いたシャーレが翌日には数十匹程度まで減ってしまうことがあるほど激しく起こることが確認されている。つまり、有性生殖の海産種と比べて、単為生殖の淡水種は環境変動の激しい陸水環境において、常に全滅の危険性にさらされており、それを防ぐためにも、すばやく、多方面に分布を拡大できるようにしているのである。

陸水環境への適応は見た目でも大きな変化をもたらしている。それが「小型化」と「粘着管の減少」である。腹毛動物類の一般的なサイズは50~５００㎛といわれているが、大型種は基本的に海産の腹毛動物、とくにオビムシ類であり、淡水産の種では大きいものでも和名イタチムシが所属する *Polymerurus* の大型のものの３００㎛程度である。また、オビムシでは全身にあった粘着管が海産イタチムシでは尾突起が多分岐する程度まで減り、淡水産イタチムシでは一部の属を除いて1対の尾突起にしか見られなくなっている。これは淡水産のイタチムシ類が池や水田のような止水域を主な生活の場としており、常に波にさらされる海産種と違って日常的に何かにくっついている必要がなくなったからではないかと予想できる。実際に生活形態を浮遊性に変えたイタチムシでは粘着管は完全に退化し、棘のような痕跡が残るのみになってしまっている。

体のサイズに関してもとくに大型の種は主にオビムシ類であり、全身にある粘着管を最大限利用するために大型化しているのであろう。対するイタチムシ類、とくに淡水種は水草の表面、浮き草の根などからも得られ、砂だけでなく、植物の間隙環境にも適応した結果、小型化したのであろう。これまでに得られたイタチムシ類のサイズの傾向を見ても、植物の洗い出しサンプルや砂浜のサンプルからは隙間にいたであろう１００㎛前後の小型の種が多く得られる。それに対し、泥のサンプルからは表面をはっていたであろう２００㎛前後の種が多く得られている。このようにすみ方によって適切に身体のサイズを変化させることで、より安全に、多様な生活空間を利用しているのである。

11 イタチムシを記載する

腹毛動物の成立（表m1-1）

顕微鏡サイズの小型の生き物はいまだに多くの新種が見つかるグループであり、イタチムシも例外ではない。世界で初めてのイタチムシの記録は諸説あるが、Jablot（1718）または Corti（1774）により、記録されたものであるといわれている。ただし、この時はまだ「記録」の段階で「記載」には至っていない。

つまり、Jablot と Corti はイタチムシらしき生物がいたことは記録に残したが、記載にたるだけの形質の情報を書いていないというわけである。その後、具体的な形質を載せた論文を Müller OF.（1786）が発表しており、この時 *Trichoda larus*（*Chaetonotus larus*）と *Cercaria podura*（*Ichthydium podura*）が記載されている。記載された当時、前者はワムシの一種として、後者は扁

表m1-1 イタチムシに関する出来事

	年	できごと
世界的な出来事	1718	Jablot がイタチムシと思しき生物を記録
	1774	Corti がイタチムシと思しき生物を記録
	1786	Müller が *T. larus*（*C. larus*）* と *Ce. podura*（*I. podura*）* を記載
	1865	Metschnikoff により腹毛動物門（*Gastrotricha*）が設立される
日本での出来事	1918	川村多実二が信州上田で *P. nodicaudus*（和名イタチムシ）を発見
	1930	福井玉夫が詳細なスケッチを書くとともに3属を報告
	1937	斎藤勲が広島の池から6属26種を報告
	1959	新潟新井高校が浮遊性を含む2属を報告
	1971	鈴木實が富士五湖および志賀高原から5属11種を報告
	2013	鈴木隆仁らが滋賀県水田から7属46種を報告

＊カッコ内は現在の学名

形動物の吸虫の一種としては記載されているが、これはイタチムシが属している腹毛動物という分類群自体1865年にMetschnikoffによって作られたもので、記載された当時は存在しなかったためである。後に括弧側に載せたようにそれぞれイタチムシ目の*Chaetonotus*属と*Ichthydium*属へと移動している。

このように発見されている種が少ない頃は他の生き物と混ぜられてしまうこともあるが、多数の種が発見されることで、共通した形質を持つものたちがまとめられていき、新たな分類群が確立されるのである。

奇跡の1匹

多数を集めて、共通する形質を見つくろうことは、新種を記載する時も同様であり、フィールドからサンプルを取ってくると、しばしば通称、「奇跡の1匹」と呼ばれる現象に遭遇する。明らかにこれまでに知られていない形質を持ち、既記載種に該当がないことは間違いなしであるが、得られたサンプルは1匹のみという状況である。残念ながらこの場合、明らかに違いがあっても記載はできない。その違いがただの突然変異の可能性を否定できないからである。

例えばさまざまな動物で白化個体や色素変異個体が現れることがあるが、真っ白であろうとシマヘビはシマヘビであるし、真っ青であろうとアマガエルはアマガエルと分類され、新種とならないのと同様である。ところが、過去の文献をさぐると、この奇跡の1匹から記載した論文が出てくることもある。しかし、そのような種は往々にしてその後二度と発見されないという憂き目を見ている。イタチムシでは *Dichaetura capricornia* が有名であり、最初の記載は偶然見つけた1匹から記載されている（図m2-1）。記載に使った基準となる標本であるタイプ標本も残っておらず、後に再記載された際には似ても似つかぬ姿で再記載されることになってしまっている。

幸い再記載の種と同じ形質を持った種は日本でも見つかっており、再記載されたものと同じ *D. capricornia* という種が確かにいることは間違いない。しかし、このような事態におちいらないためにも、記載は慎重に、十分量のサンプルをもって行うべきである。

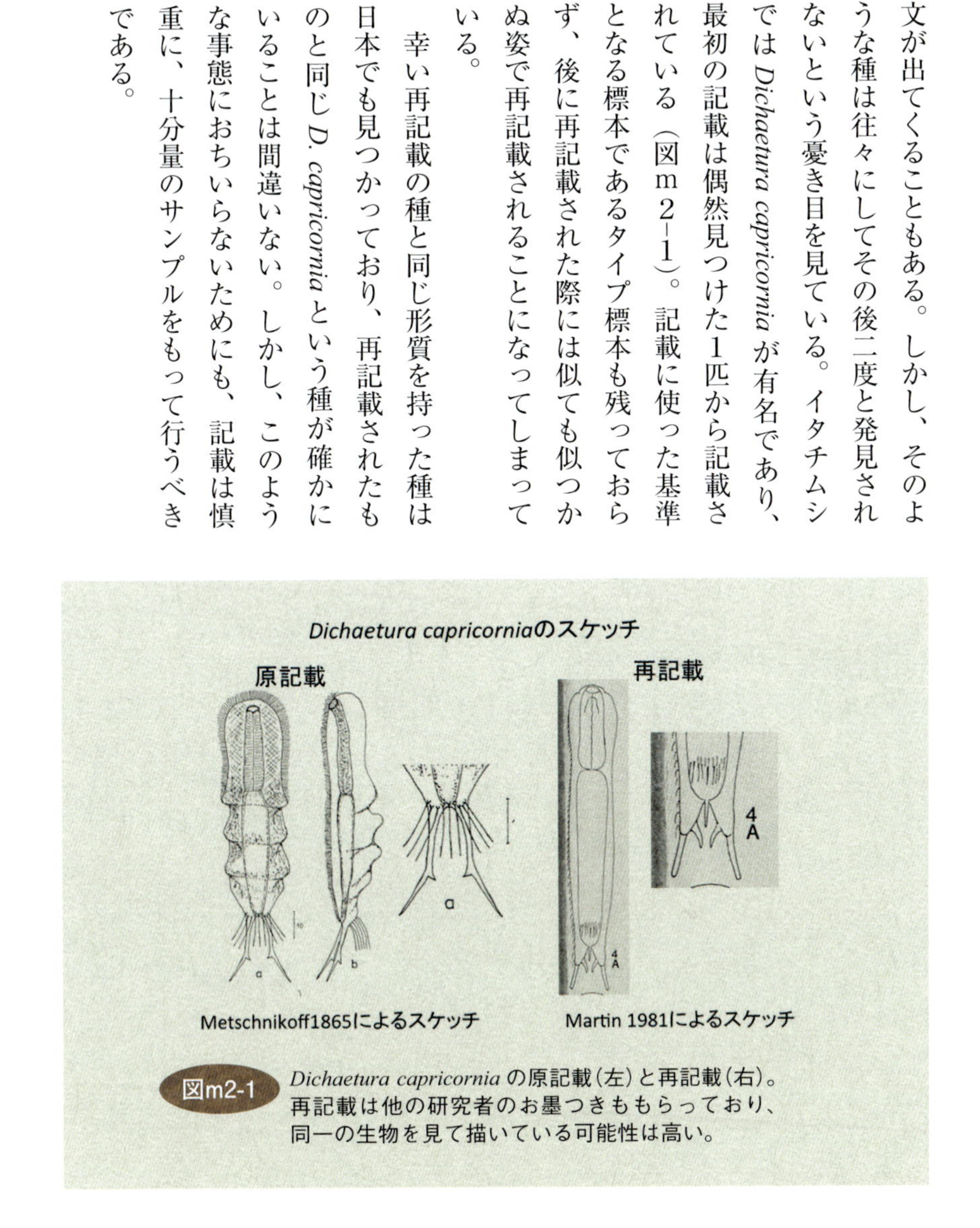

図m2-1 *Dichaetura capricornia* の原記載（左）と再記載（右）。再記載は他の研究者のお墨つきももらっており、同一の生物を見て描いている可能性は高い。

新種を記載するために必要なこと

種記載を行う上で重要なのは「複数のサンプルを得る」、「基準となる「タイプ標本を残す」、「適切な形質を見極める」、この3点である。

新種を記載する際には明らかに他種と違うところを挙げる必要があるわけだが、当然それはその種に普遍的に見られる特徴でなければならない。自分の周りのヒトを見ても、自分と寸分違わないということはまずないだろう。より多くのサンプルを参考にすることで、どこまでが個体変異の範囲かを見極め、変化しない特徴を見抜く力が重要になってくる。

そして、サンプルの中でもっとも典型的な形質を持ったものを「タイプ標本」とするのである（表m3-1）。タイプ標本とはその種の基準となる標本であるが、その中でも記載論文中で形質の記載に使われた標本は「ホロタイプ」と

表m3-1 さまざまなタイプ標本の例。

名 称	定 義
担名タイプ標本	その種を定義する基準となる標本。ホロタイプ、レクトタイプ、ネオタイプなど
Holotype（ホロタイプ）*	記載時に使用されたその種の基準となる1個体の標本
Lectotype（レクトタイプ）*	ホロタイプをなんらかの理由で選びなおさないといけなくなった際に、パラタイプやアイソタイプ、シンタイプから選ばれるホロタイプの代理となる標本
Paratype（パラタイプ）	記載の際に使われた標本のうち、ホロタイプ、アイソタイプ、シンタイプでない標本
Isotype（アイソタイプ）	ホロタイプと同時に作られた別個体の標本
Syntype（シンタイプ）	ホロタイプの集団的な扱いの標本 記載時にホロタイプが指定されなかった場合は論文中のすべての標本が、複数の標本がホロタイプ指定された場合そのすべてがシンタイプ扱いとなる
Allotype（アロタイプ）	パラタイプのうち、ホロタイプと別性別の個体の標本
Paralectotype（パラレクトタイプ）	シンタイプからレクトタイプを指定した際の残りの標本
Neotype（ネオタイプ）*	ホロタイプが失われており、かつレクトタイプが指定できない場合に完全新規に作られるホロタイプ代わりの標本
Epitype（エピタイプ）	ホロタイプ、レクトタイプ、ネオタイプではわからない形質を補助するために新たに一つだけ追加できる標本

*担名タイプ標本

呼ばれ、比較にも利用されたりするため、厳重に保管される。

このほかにも同種の標本や性別の異なる標本がタイプ標本としていっしょに保管されることが多い。とくに同種標本である「パラタイプ」はホロタイプの代わりとして使われたり、個体変異を見たりするのにも便利であるので、とくに小さな生き物では多くの標本を登録することが望ましい。

小さな生き物の標本はプレパラートで永久標本にした形で登録されることが一般的だが、この永久標本、永久とは名ばかりで実は数十年で色素や樹脂が劣化して使い物にならなくなってしまうという問題がある。実際古い標本と見比べようとした結果、標本が使い物にならず、比較ができなかったという事態が多々ある。そうなってしまうと、その種に関して、同種を同種と判別することができなくなり、宙に浮いてしまう。この場合、失われる前に新たなタイプ標本を作ることが理想ではあるが、手続き上の問題もあり、更新することは難しい。

ホロタイプでないにしろ、定期的に新たな標本を追加するためにも、多数のサンプルを提供すると同時に、採集方法などの記録も充実させておくとよいだろう。この問題に関してはしばしばスケッチや写真はずっと残るから、それでいいではないかという話もでる。しかし、写真は必ずしも必要な部位が写っているとは限らず、スケッチはどうしても描いている本人の主観が入ってしまう。必要な部位を必要に応じて見るために「そのもの」である標本が重要なわけである。

あてになる形質とならない形質

きれいな標本を残せたとして、次に重要なのは形質の見極めである。例えばナミテントウの翅（はね）の斑紋は黒地に赤であったり、その逆であったり、そもそも斑紋がなかったりと安定しない。

身近なところでは「イヌ」は大きなものから小さなものまでさまざまな犬種がいるが、すべて *Canis lupus familiaris* であり、タイリクオオカミである *Canis lupus* の亜種という扱いになっている。

つまり、ナミテントウの翅の模様やイヌの外見は一見すると大きな違いに見えるが、種を分ける形質としては不適切となる。

テントウムシのような硬い殻を持っていれば交尾器の形で、イヌのような大型の生き物であれば孫世代ができるかといったことで、同種かどうかの判定が可能であるが、イタチムシでは話が違ってくる。

硬い殻を持たず、そもそも単為生殖で殖えるので、種の定義すら難しい生き物である。一般には複数個体を調べ、鱗板や身体、消化管の比率が他と十分異なっていれば新種と認められる。理想をいうのであれば、培養し、現れた個体の形質の変動幅を見極めることができれば完璧だろう。

12 フィールドで採集しよう

採集の格好

実際にフィールドで採集をし、観察することは、この分野の醍醐味である。しかし、気をつけないと一見安全な場所であっても怪我(けが)をしてしまうこともある。ここでは水田や湖沼に採集に行く際の基本的な服装や、あると便利な道具を紹介する。

基本事項

「帰るまでが遠足です」とはよくいう話だが、サンプリングも同様である。

せっかく採集したサンプルを無事持ち帰り、観察してこそ意味がある。とかく、危険がありそうならば、むやみに近寄らない、そして、怪我をして動けなくなった際に助けを呼べるように、可能ならば成人を含む2人以上で行くことが望ましい。

道具　◯金魚網　◯ビニール袋、プラスチック容器　◯クーラーボックス　◯虫刺され、虫除け薬　◯飲み物

■水中の獲物を捕獲する金魚網（図n2-1）は稲の間を抜けられる小型のものがよい。網目次第で水生昆虫からカブトエビ、カイエビ、ホウネンエビなどのエビ類、オタマジャクシのような大型のものからミジンコ類のような小型の生物までとらえることができる。

■ビニール袋、プラスチック容器（図n2-2）は、ほしいものに応じて使い分けるのがよい。暑い時期にサンプルを放置するとあっという間に水は熱湯に変わってしまう。これを防ぐためにも、クーラーボックス（図n2-3）はぜひ持っていきたい。保冷剤を入れる場合、採った生物に直接当たらないようにタオルなどで巻いた上で使うとよい。

■野山は虫の宝庫である。当然そこへ人が入ればあるものは防衛のために、あるものは餌を得るために襲いかかってくる。近年ではマダニによる重症熱性血小板減少症候群のような危険な感染症もあり、安全に採集を行うためには虫除け（図n2-4）をしっかりしたほうがよい。また、見えないところにこっそりと着いてきた虫類を流す意味でも帰宅したら入浴することを推奨したい。特にダニ類は嚙まれた場合、無理に取ると頭部が残ったり、体液が逆流したりするため、必ず皮膚科へ行って取ってもらうことが重要である。

■水分であるが、夏場の採集で最も気をつけるべきは熱中症である。とくに水田での採集では避難できる木陰も少なく、加えて周囲からの湿気で体感気温は非常に高くなるため、意外に危険である。長時間の採集では、お茶類だけでなく、失った塩分を補充できるスポーツドリンクの類も持っていくとよいだろう。

服装（図n2-5）110ページ参照

○長袖、長ズボン、帽子

暑い夏場は半袖半ズボンで行きたくなるかもしれないが、虫刺されや植物による怪我、かぶれを防ぐために、風通しのよい生地の長袖長ズボンは必須である。また、強い日差しを避けるための帽子もあると熱中症を防げるだろう。

■水田調査の注意事項は主に次の3点である。

○畔を壊さない

○水田の中に入らない

○稲に触れない

水田は豊富で多様な生物が見つかる採集場所としては夢のような場所である。しかし、その本来の役割は稲を育て、米を得るための場所である。採集中には常に農家の方が大事に育てている稲や、その稲を育てる場所である水田を大切にすることを意識しよう（図n2-6・7）。

図n2-5
筆者の普段の採集時の格好。日差しが強い時は帽子もかぶるとよい。

図n2-3
長時間でなければ本格的なクーラーボックスである必要はない。

図n2-4
お香タイプは火傷や火事に注意して使おう。

採取の道具と服装

図n2-2

ビニール袋は100枚ほど入っているポリ袋が使い勝手がよい。プラスチック容器は水がこぼれない程度に密閉できるとよいだろう。

図n2-1

一般的な金魚網。稲株の間を抜けられる程度のサイズが程よい。

図n2-6

稲の花。華やかさはないが、これが成長して米になるのである。

図n2-7

黄金色に実った稲。収穫までもう少しである。

13 イタチムシの飼育

野外サンプルからの培養方法

野外から得たサンプルの中には当然イタチムシがいる可能性がある。しかし、イタチムシ自身が非常に小さいため、発見や観察には実体顕微鏡が必要である。そのため個人で飼うのはなかなかハードルが高いが、入手法から維持、培養の方法を紹介しよう。

準備物

◯実体顕微鏡（図０２－１）
◯パスツールピペット（先端を熱して細くしたものがあるとよい）（図０２－２）
◯飼育用シャーレ（耐熱ガラス製）（図０２－３・４）
◯麦（玄米でも可）（図０２－５）　◯電子レンジ　◯汲み置き水道水（図０２－６）

イタチムシの捕まえ方

これまでに紹介したように、イタチムシ類は多くが底棲である。そして多くのイタチムシはものかげに隠れていたり、水草にくっついたりしている。イタチムシを狙うには水中に落ちている落ち葉や木の枝を採集し、汲み置きの水道水で洗いだすとよいだろう。イタチムシは一時

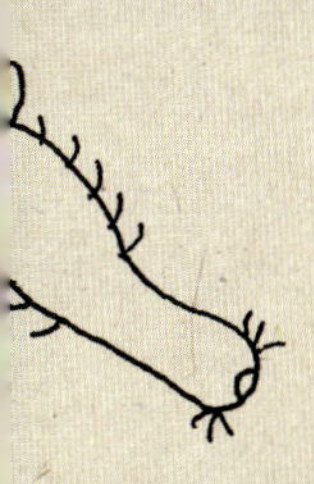

図o2-1

双眼実体顕微鏡
生物顕微鏡ほど倍率は高くないがシャーレをそのまま観察できる。野外で使えるポータブルサイズのものもある。

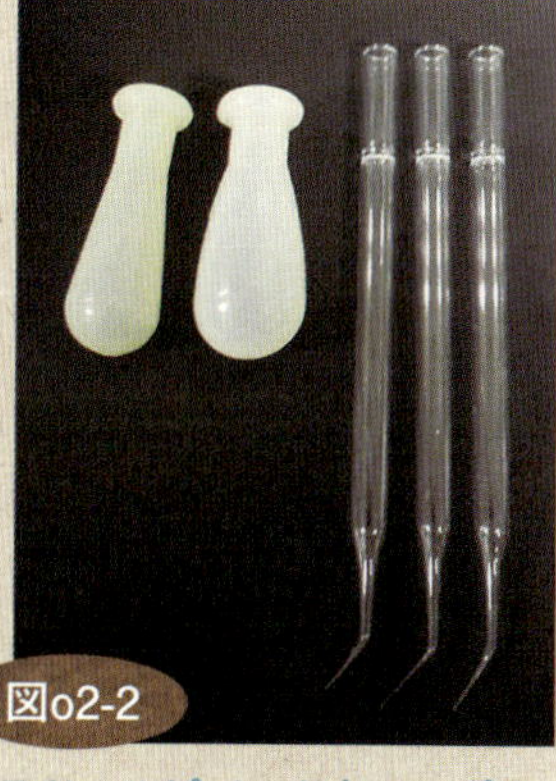

図o2-2

パスツールピペットとニップル
先を細くする際に軽く曲げる派と真っ直ぐで使う派に分かれる。筆者は前者である。

図o2-3

飼育シャーレのようす　蓋にラベルを書いた場合は、蓋が他のシャーレと混じらないように気をつけよう。

図o2-4

飼育シャーレの保管のようす　プラスチックケースに詰めることで、水の蒸発を抑えるとともに移動もさせやすくなる。ケース内が高湿度になるためカビが生えないように注意したい。

図o2-5

麦粒　生麦なので、冷蔵庫の袋からチューブに分抽して利用している。玄米でもよい。

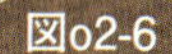

図o2-6

汲み置きの水道水は蓋ができると虫やコンタミ（不純物の混入）を防げる。ただし、カルキ抜きのために２～３日は蓋をずらした状態にしておこう。

的な水流には対応できるが、長時間の水流には流されてしまう。そこで、採集時にはできるだけ流れのないところを狙うのがポイントである。

洗い出しには当然イタチムシ以外のさまざまな生き物が含まれる。繊毛虫、ワムシ、ミジンコ、藻類、これらの中からイタチムシを顕微鏡下で探し出すのである。

泥が入った場合はよくふり混ぜたのちに、上澄みを使うとよいだろう。洗い出しにいなくてもまだあきらめるのは早い。イタチムシ類の繁殖速度は同じサイズ帯の生物と比較すると決して早いとはいえず、どうしても自然状態では優占種とはなりがたい。イタチムシがいるであろうサンプルを大型のシャーレに入れて数日放置するか、得たサンプルをバケツに入れてエアレーションした状態で数日放置することで、イタチムシが増えていることがある。この際にはユスリカなどが発生することもあるため、蓋を閉めておいたほうがよい。

飼育シャーレの準備とイタチムシの移動（図o4-1）

自然環境から飼育環境への移動はどの生き物にとっても大きな環境の変化であり、飼育を行う上でもっとも難しいところである。とくに小型の生き物はわずかな環境の変動で死んでしまうことも多く、うまくいかないことを考えて一度に数枚のシャーレを準備するとよいだろう。

シャーレは汲み置き水道水を入れて1～2分ほど電子レンジで加熱殺菌する。オートクレーブが使える場合はそれで滅菌してもよい。餌を得るための手段として、麦または玄米を利用する。

小型のシャーレに麦が沈む程度に水を張り、1粒につき1分程度レンジで加熱殺菌する。麦粒は表面についている枯草菌は100℃程度であればシストが生き残るため、餌として利用することができる。そのため麦粒は滅菌ではなく、殺菌レベルで抑えるのである。

飼育水は汲み置き水道水またはミネラルウォーターを利用する。水質の安定度ではミネラルウォーターが理想だが、汲み置き水道水でも問題なく飼育はできる。

飼育水を張った殺菌済みシャーレに麦粒を入れたものができれば飼育用シャーレの完成である。

ここにイタチムシを入れるだけだが、この時に別の生き物が入ると、後に取り除くのが大変なので注意しなくてはいけない。とくに繊毛虫とワムシは後に取り除くのがほぼ不可能になってしまう。繊毛虫は小型に加えて非常に高い繁殖力を持つため、「あっ」という間に殖えてしまう。ワムシは繊毛虫同様の高い繁殖力に加えて卵のサイズがイタチムシとほぼ同じであり、卵を取り除くこともできなくなってしまう。

他の生き物が混じらないようにイタチムシをサンプルシャーレから捕まえる際には、熱して先を細くしたパスツールピペットが便利である。これでまずは取り分け用のシャーレにイタチムシを移動するのである。この際には多少別の生き物や底質が入っても構わない。

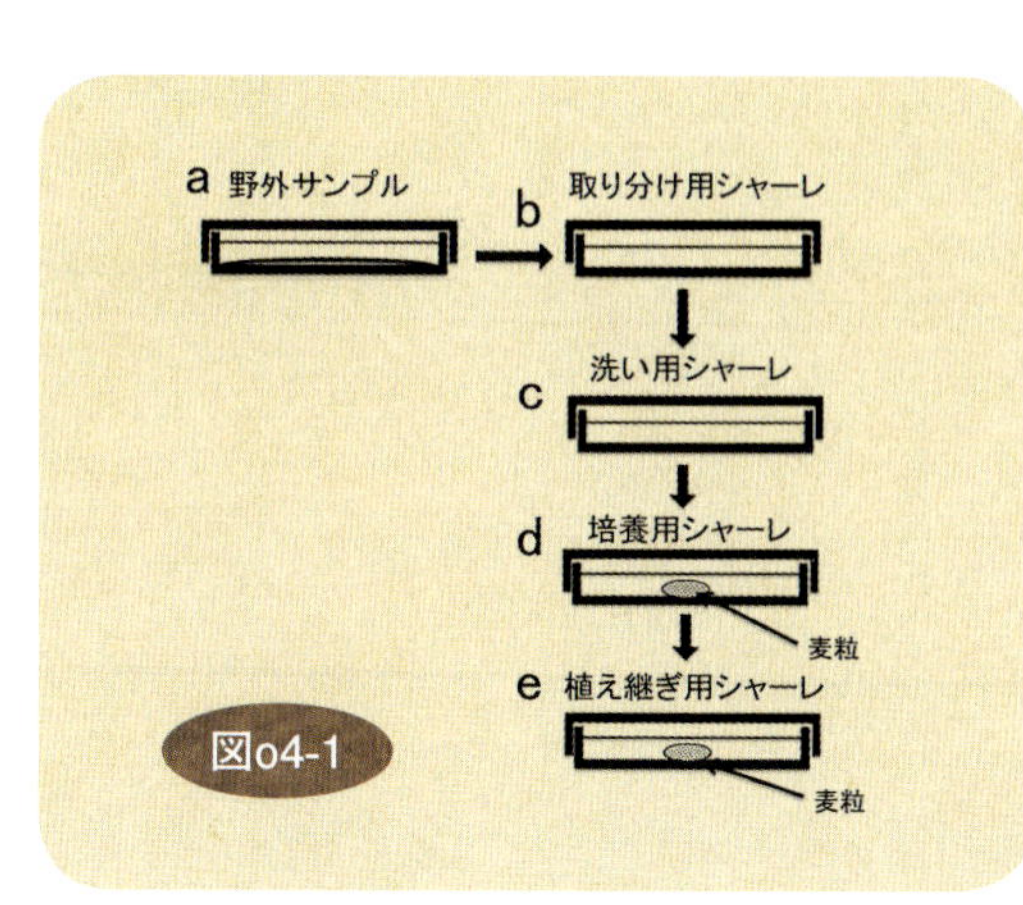

次に何枚かの洗い用シャーレを用意してそちらへイタチムシだけを移動していく。最終的にワムシや繊毛虫がいなくなった時点で飼育シャーレへイタチムシを移動する。この時にパスツールピペット内に繊毛虫やワムシが張りついていることがあるため、飼育シャーレへの移動は新しいピペットを使うとよいだろう。

維持と植え継ぎ

イタチムシを移動させたシャーレは、あれば24℃程度に維持できる恒温機に、なければ暑くなりすぎない場所で保存する。

この時シャーレが乾燥しないようにシャーレをさらにプラスチックの容器（完全には密閉されないもの）に入れておくとよい。

イタチムシ類の産卵頻度は決して高くないため、明らかに目に見える数になるまでに1週間ほどの期間が必要となる。とくにシャーレでの飼育では隅にいると見えないため、数日経って一見何もいなくなっていてもまだイタチムシがいる可能性があるため、すぐ捨ててしまわないように気をつけよう。

バクテリアの餌として利用している麦や玄米の交換は水換えと同時に行い、頻度（ひんど）は月に1度程度である。この水換えの際に植え継ぎも行うと楽である。

イタチムシをはじめとした小型の生き物は、このような飼育専用の空間で殖やしていると殖え過ぎた結果、環境の悪化や密度効果によって一晩のうちに全滅に近い状態まで減ってしまうことがある。そのため定期的な植え継ぎが必要となる。

飼育中のイタチムシはある程度の数が泳いでいるため、水換えの際に新たな殺菌済みシャーレに水の一部を移し、ここに汲み置き水道水を適当に加え、さらに別に殺菌処理した麦粒を入れれば植え継ぎ完了である。

おわりに

小型の生き物たちは非常に多様性が高いにもかかわらず、その分布や生態がわかっていないことが多い。とくにイタチムシ類は研究がほとんど行われておらず、筆者の所属していた研究室からわずか徒歩1分の池で2種の新種が発見されるほどであった。

また、これまではほとんどいないとされていた水田、それも一地域からだけでこれまで日本で確認されていたイタチムシ類の数を超えてしまうという事態まで起きている。このような生き物たちを見つけ、研究するためには、細やかな観察だけでなく、あえてこれまでと異なった採集法を試すといったことをする必要があるだろう。

日本という狭い地域ですら、いまだに生息しているイタチムシの全体像はまったくといっていいほど明らかにされていない。イタチムシそのものだけでなく、それを取り巻く他の生き物たちも含めて、関係性を明らかにしていきたいところである。

主要引用文献

Acknowledgements
プランクトンの写真　滋賀県立琵琶湖博物館

図c2-6
福井玉夫(1930)イタチムシの話。博物学雑誌 8(40):47-50

図j1-16
Minoru Sudzuki (1971) Die das Kapillarwasser des Lüchen-systems bewohnenden Gastrotrichen Japans I. 動物学雑誌　Zoological magazine 80: 256-257

図m2-1
E. Metschnikoff (1865) Über einige wenig bekannte niedere Thierformen. Zeitschrift für wissenschaftliche Zoologie 15: 450-463
L.V. Martin1981 Gastrotrichs found in Surrey. Microscopy, 344: 286-300

イタチムシ類の分類
日本産イタチムシ類の検索表
鈴木隆仁(2013)　日本で見られる様々なイタチムシ Diversity of Chaetonotida in Japan. タクサ. 日本動物分類学会 34: 11-17

【著者紹介】

鈴木隆仁（すずき・たかひと）

1983年生まれ、愛知県碧南市出身
滋賀県立琵琶湖博物館　学芸技師
子供のころから変な生き物に興味を持ち、大阪大学で頭足類の寄生虫の研究をしている際に、ついにイタチムシとの出会いを果たす。

琵琶湖博物館ブックレット③

イタチムシの世界をのぞいてみよう

2016年9月10日　第1版第1刷発行

著　者　鈴木隆仁
企　画　滋賀県立琵琶湖博物館
〒525-0001 滋賀県草津市下物町1091
TEL 077-568-4811　FAX 077-568-4850
デザイン　オプティムグラフィックス
発　行　サンライズ出版
〒522-0004 滋賀県彦根市鳥居本町655-1
TEL 0749-22-0627　FAX 0749-23-7720
印　刷　シナノパブリッシングプレス

ISBN978-4-88325-599-3 C0345
定価はカバーに表示してあります

琵琶湖博物館ブックレットの発刊にあたって

琵琶湖のほとりに「湖と人間」をテーマに研究する博物館が設立されてから２０１６年はちょうど20年という節目になります。琵琶湖博物館は、琵琶湖とその集水域である淀川流域の自然、歴史、暮らしについて理解を深め、地域の人びとともに湖と人間のあるべき共存関係の姿を追求してきました。そして琵琶湖博物館は設立の当初から住民参加を実践活動の理念としてさまざまな活動を行ってきました。この実践活動のなかに新たに「琵琶湖博物館ブックレット」発行を加えたいと思います。

20世紀後半から博物館の社会的地位と役割はそれ以前と大きく転換しました。それは新たな「知の拠点」としての博物館への転換であり、博物館は知の情報発信の重要な公共的な場であることが社会的に要請されるようになったからです。「知の拠点」としての博物館は、常に新たな研究が蓄積され、新たな発見があるわけですから、そうしたものを「琵琶湖博物館ブックレット」シリーズというかたちで社会に還元したいと考えます。琵琶湖博物館員はもとよりさまざまな形で琵琶湖博物館に関わっていただいた人びとに執筆をお願いして、市民が関心をもつであろうさまざまな分野やテーマを取りあげていきます。高度な内容のものを平明に、そしてより楽しく読めるブックレットを目指していきたいと思います。このシリーズが県民の愛読書のひとつになることを願います。

ブックレットの発行を契機として県民と琵琶湖博物館のよりよいさらに発展した交流が生まれることを期待したいと思います。

２０１６年　７月

滋賀県立琵琶湖博物館・館長　篠原　徹